Der Einfluß
der rückgewinnbaren Verlustwärme des Hochdruckteils auf den Dampfverbrauch der Dampf-Turbinen

von

Dr.=Ing. Georg Forner
Beratender Ingenieur

Mit 10 Textabbildungen
und 8 Zahlentafeln

Berlin
Verlag von Julius Springer
1922

Alle Rechte, insbesondere das der Übersetzung
in fremde Sprachen, vorbehalten.

Copyright 1922 by Julius Springer in Berlin.

ISBN-13: 978-3-642-89690-3   e-ISBN-13: 978-3-642-91547-5
DOI: 10.1007/978-3-642-91547-5

Inhaltsverzeichnis.

		Seite
I.	Einleitung	1
II.	Ableitung der Gleichung für ideale Gase	4
III.	Ableitung der Gleichung für Wasserdampf	10
IV.	Versuche zur Prüfung der Gleichung	16
V.	Der Gütegrad des Hochdruckteils	20
VI.	Dampfverbrauch von Turbinen mit gleichem Niederdruckteil und verschiedenen Hochdruckteilen	24
VII.	Antrieb der Kondensationshilfsmaschinen durch Dampfturbinen	32
VIII.	Zusammenfassung	35

Literaturverzeichnis.

Baer, Die Regelung von Dampfturbinen und ihr Einfluß auf die Leistungsentwicklung in den einzelnen Druckstufen. Mitteil. über Forschungsarbeiten; herausgegeben von V. D. I. Heft 86.

Bauer-Lasche, Schiffsturbinen. 1909.

Christlein, Untersuchungen über das allgemeine Verhalten des Geschwindigkeitskoeffizienten von Leitvorrichtungen. Zeitschr. d. V. D. I. 1911, S. 2081 u. f.

Forner, Die Messung des Dampfverbrauches mittels stark erweiterter Meßdüsen und der Wirkungsgrad von Curtisstufen. Zeitschr. d. V. D. I. 1919, S. 74 u. f.

Hütte, Des Ingenieurs Taschenbuch. 22. Aufl. 1915.

Stodola, Die Dampfturbinen. 4. Aufl. Berlin 1910.

Wagner, Der Wirkungsgrad von Dampfturbinenbeschauflungen. Berlin 1913.

I. Einleitung.

In seinem Werk „Die Dampfturbinen" hat Stodola[1] darauf hingewiesen, daß die Verlustwärme der ersten Stufe einer Dampfturbine nicht restlos verloren geht, sondern in den folgenden Stufen zum Teil wieder ausgenützt wird; er kommt zu dem bemerkenswerten Ergebnis, daß die **Summe der adiabatischen Einzelgefälle größer als das ursprüngliche Gesamt-**

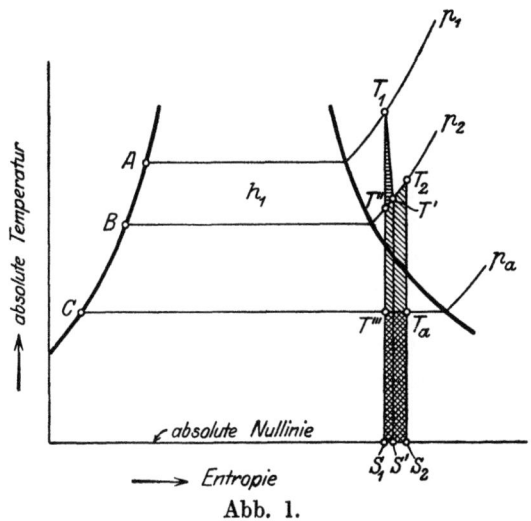

Abb. 1.

gefälle ist und daß eine Turbine, deren Stufen alle mit demselben Einzelwirkungsgrade entworfen sind, einen besseren Gesamtwirkungsgrad ergibt als die einzelne Stufe.

Eine übersichtliche Darstellung dieser Verhältnisse ermöglicht das Entropiediagramm. In Abb. 1 soll die Fläche $AT_1T''B$ das adiabatische Wärmegefälle h_1 der ersten Turbinenstufe (Hoch-

---

[1] Stodola, Seite 155.

druckteil) bei der Expansion von p_1, T_1 auf p_2 darstellen. Wäre die Expansion in den Düsen und die Energieausnützung in den Schaufeln völlig verlustfrei, so wäre die bei adiabatischer Expansion auf den Gegendruck p_2 erreichte absolute Endtemperatur T'' gleichzeitig die Anfangstemperatur für die darauffolgende Turbinenstufe. In Wirklichkeit sind jedoch Expansion und Energieausnützung nicht verlustfrei; es tritt Dampfreibung in den Düsen und Laufschaufeln, sowie Radreibung auf, und der Dampf verläßt das Laufrad noch mit einer gewissen Geschwindigkeit, der Auslaßgeschwindigkeit. Die Dampfreibung bedeutet nicht immer einen Verlust an kinetischer Energie; geht sie bei sinkendem Druck vor sich, wie es in den Düsen und bei Überdruckturbinen auch in den Laufschaufeln der Fall ist, so wird ein Teil der Reibungsarbeit unmittelbar in diesen Teilen selbst wiedergewonnen.

Ist beispielsweise Abb. 1 das Entropiediagramm einer Turbine mit einer Gleichdruckstufe als Hochdruckteil, so ist die Düsenreibung gleich der Fläche $T_1 T' S' S_1$, von der ein Teil, und zwar die wagerecht schraffierte Fläche $T_1 T' T''$ in den Düsen selbst wiedergewonnen wird, während der übrige Teil $T'' T' S' S_1$ sich in Wärme umsetzt und die Ausflußtemperatur aus der Düse von der bei verlustfreier Strömung erreichbaren Temperatur T'' auf T' erhöht. Dieser letzte Teil ist der effektive Verlust an kinetischer Energie und für die Düse selbst und somit auch für die Hochdruckstufe endgültig verloren. Ebenso sind auch die übrigen Verluste, Schaufelverlust, Radreibung und Auslaßverlust für die Hochdruckstufe verloren. Die Summe dieser Verluste an kinetischer Energie haben zur Folge, daß die an die Laufradnabe übertragene Energie geringer als die der adiabatischen Expansion entsprechende Strömungsenergie ist. Das Verhältnis beider wird als „thermodynamischer Wirkungsgrad" oder „Gütegrad" bezeichnet. Ist das adiabatische Wärmegefälle der ersten Stufe h_1 und ihr Gütegrad η_1, so ist die an die Laufradnabe abgegebene Arbeit $N_1 = h_1 \cdot \eta_1$ und der Verlust an kinetischer Energie $= h_1 - N_1 = h_1 \cdot (1 - \eta_1)$. Dieser Verlust setzt sich, wenn die Auslaßgeschwindigkeit verloren geht, in Wärme um und erhöht die Temperatur T'' auf T_2, wobei

$$h_1 \cdot (1 - \eta_1) = \int_{T''}^{T_2} c_p \cdot dT = \int_{S_1}^{S_2} T \cdot dS$$

… ist. Von der Wärmeausstrahlung ist hierbei abgesehen. In Abb. 1 ist $h_1 \cdot (1 - \eta_1)$ als schräg schraffierte Fläche $T''T_2S_2S_1$ dargestellt.

Dieser Vorgang wiederholt sich in ähnlicher Weise in allen folgenden Stufen. Faßt man diese als ein Ganzes unter der Bezeichnung „Niederdruckteil" zusammen, so steht diesem bei der Expansion von p_2, T_2 auf den Enddruck p_a ein Wärmegefälle zur Verfügung, das durch die Fläche BT_2T_aC (Abb. 1) dargestellt ist. Wäre die Energieausnützung in der Hochdruckstufe verlustfrei, so würde dem Niederdruckteil nur ein adiabatisches Gefälle gleich der Fläche $BT''T'''C$ zur Verfügung stehen. Der Unterschied $T'''T_2T_aT'''$ zwischen beiden Flächen ist der Betrag, der vom Verlust an kinetischer Energie des Hochdruckteiles zur Arbeitsleistung im Niederdruckteil zurückgewonnen wird; er wird deshalb von Stodola als „rückgewinnbare Verlustwärme des Hochdruckteiles" bezeichnet. Die in den Düsen selbst unmittelbar zurückgewonnene Reibungswärme ist hierin nicht enthalten; unter „Verlustwärme" ist demnach in diesem Zusammenhang nur der Verlust an kinetischer Energie zu verstehen. Aus der Darstellung in Abb. 1 erkennt man, daß die kreuzweise schraffierte Fläche endgültig verloren ist. In welcher Weise die Ausnützung der rückgewinnbaren Verlustwärme im Niederdruckteil vor sich geht, soll an dieser Stelle nicht untersucht werden; auf jeden Fall wird ein Teil des Verlustes des Hochdruckteiles im Niederdruckteil wiedergewonnen, und es erhebt sich die Frage, **ob es sich wegen dieses Wiedergewinnes lohnt, den Hochdruckteil so auszubilden, daß er den bestmöglichen Gütegrad hat, und in welchem Maße der Dampfverbrauch von einer Veränderung dieses Gütegrades beeinflußt wird.**

Als Hochdruckteil bezeichnet man in der Regel die erste Stufe oder ersten Stufen einer Turbine, wobei die Wahl der Grenze zwischen Hoch- und Niederdruckteil der Willkür des einzelnen überlassen ist. Meistens wird ein äußerliches Kennzeichen, z. B. der Übergang von einem Raddurchmesser zu einem anderen oder von einer Stufenbauart zu einer anderen hierfür maßgebend sein; so ist es üblich, bei Turbinen gemischter Bauart stets nur die Curtisstufe als Hochdruckteil zu bezeichnen. Auf jeden Fall wird man die Grenze so ziehen müssen, daß der Druck zwischen Hoch- und Niederdruckteil bei voller Belastung nicht kleiner als der atmosphärische ist. Dieser teilt bei den hauptsächlich vorkommenden

Drücken das Wärmegefälle der ganzen Turbine in zwei ungefähr gleiche Teile, so daß man, wenn keins von den vorher genannten äußerlichen Merkmalen vorhanden ist, als Hochdruckteil nur soviel Stufen ansehen kann, daß ihr Anteil an der Leistung der ganzen Turbine bei Vollast höchstens 50% beträgt.

Im folgenden soll zunächst versucht werden, durch eine Gleichung auszudrücken, wie sich der Dampfverbrauch einer Turbine ändert, wenn sich der Gütegrad ihres Hochdruckteiles ändert, und zwar soll sich die Untersuchung entsprechend dem oben Gesagten für einen Leistungsanteil des Hochdruckteiles von höchstens 50% erstrecken.

II. Ableitung der Gleichung für ideale Gase.

Es sei eine mit irgend einer elastischen Flüssigkeit (Gas) betriebene, aus zwei Teilen, und zwar dem Hoch- und Niederdruckteil bestehende Turbine angenommen. Im Hochdruckteil expandiert das Gas von p_1, T_1 auf p_2 (Abb. 2), wobei das adiabatische Wärmegefälle h_1 verfügbar wird.

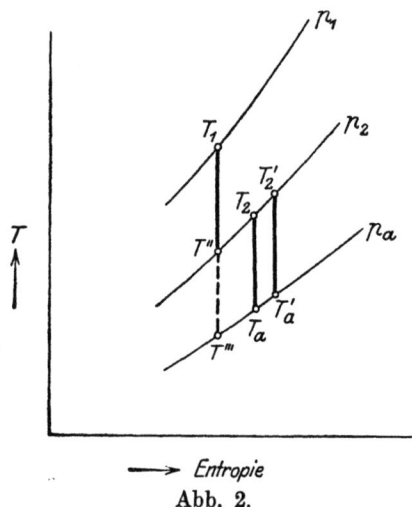

Abb. 2.

Infolge der unvollkommenen Ausnützung im Hochdruckteil stellt sich vor dem Niederdruckteil die Temperatur T_2 ein, die höher ist als die Temperatur T'', die sich bei vollkommener Ausnützung einstellen würde. Im Niederdruckteil expandiert das Gas von p_2, T_2 auf p_a, wobei das adiabatische Wärmegefälle h_2 verfügbar wird. Der Gütegrad des Hochdruckteiles, des Niederdruckteiles und der ganzen Turbine sei mit η_1, η_2 und η, das Wärmegefälle und der Gasverbrauch für die Leistungseinheit der ganzen Turbine mit H und D bezeichnet.

Ändert sich nun, beispielsweise infolge einer Schaufelbeschädigung, bei gleichbleibender stündlicher Gasmenge und Druckver-

Ableitung der Gleichung für ideale Gase.

teilung der Gütegrad η_1, so ändert sich naturgemäß auch T_2, h_2 η_2 und D; die neuen Größen werden mit T'_2, h'_2, η'_2 und D' bezeichnet. Die verhältnismäßige Änderung des Gasverbrauches $\frac{D'-D}{D} = \frac{D'}{D} - 1$ werde mit ΔD bezeichnet.

Dann ist $$1 + \Delta D = \frac{D'}{D}$$

und $$\frac{\Delta D}{1 + \Delta D} = -\frac{D'-D}{D'} = 1 - \frac{D}{D'}.$$

Es ist $$\frac{D}{D'} = \frac{h_1 \eta'_1 + h'_2 \eta'_2}{h_1 \eta_1 + h_2 \eta_2}, \text{ demnach}$$

$$\frac{\Delta D}{1 + \Delta D} = 1 - \frac{h_1 \cdot \eta'_1 + h'_2 \cdot \eta'_2}{h_1 \cdot \eta_1 + h_2 \cdot \eta_2} = \frac{h_1 \cdot \eta_1 - h_1 \cdot \eta'_1 + h_2 \cdot \eta_2 - h'_2 \cdot \eta'_2}{h_1 \cdot \eta_1 + h_2 \cdot \eta_2}$$

$$= \frac{h_1 \cdot \eta_1 - h_1 \cdot \eta'_1 - h'_2 \cdot \eta'_2 + h_2 \cdot \eta_2}{H \eta}.$$

Setzt man $H\eta = N$, $h_1 \cdot \eta_1 = N_1$, $h_1 \cdot \eta'_1 = N'_1$

und $$\Delta N_1 = \frac{N'_1 - N_1}{N_1}, \text{ so wird}$$

$$\frac{\Delta D}{1 + \Delta D} = -\frac{N_1 \cdot \Delta N_1 + h'_2 \eta'_2 - h_2 \eta_2}{N}.$$

Setzt man $\Delta \eta_2 = \frac{\eta'_2 - \eta_2}{\eta_2}$ oder $\eta'_2 = \eta_2 (1 + \Delta \eta_2)$

so wird $$-\frac{\Delta D}{1 + \Delta D} = \frac{N_1 \cdot \Delta N_1 + h'_2 \eta_2 (1 + \Delta \eta_2) - h_2 \cdot \eta_2}{N} \quad (1)$$

Unter Benutzung der in der Entropietafel (Abb. 2) eingetragenen Bezeichnungen findet man:

$$h'_2 = c_p \cdot T'_2 \left[1 - \left(\frac{p_a}{p_2}\right)^{\frac{\varkappa-1}{\varkappa}} \right]$$

$$h_2 = c_p \cdot T_2 \left[1 - \left(\frac{p_a}{p_2}\right)^{\frac{\varkappa-1}{\varkappa}} \right]$$

Setzt man $$\left(\frac{p_a}{p_2}\right)^{\frac{\varkappa-1}{\varkappa}} = E_2$$

Ableitung der Gleichung für ideale Gase.

$$\left(\frac{p_2}{p_1}\right)^{\frac{\varkappa-1}{\varkappa}} = E_1$$

$$\left(\frac{p_a}{p_1}\right)^{\frac{\varkappa-1}{\varkappa}} = E,$$

so wird: $\quad h_2' - h_2 = c_p\,(T_2' - T_2)\cdot(1 - E_2)$

und $\quad h_2' = h_2 + c_p\,(T_2' - T_2)\cdot(1 - E_2)$

Nun ist $c_p\,(T_2' - T_2) = h_1\eta_1 - h_1\cdot\eta_1' = -\,N_1\cdot\varDelta N_1$,

demnach $\quad h_2' = h_2 - N_1\cdot\varDelta N_1\,(1 - E_2)$.

Dies in Gleichung (1) eingesetzt, ergibt:

$$-\frac{\varDelta D}{1+\varDelta D} = \frac{N_1\cdot\varDelta N_1 + [h_2 - N_1\varDelta N_1(1-E_2)]\cdot\eta_2(1+\varDelta\eta_2) - h_2\eta_2}{N}$$

$$= \frac{N_1\cdot\varDelta N_1 + h_2\cdot\eta_2\cdot\varDelta\eta_2 - N_1\varDelta N_1(1-E_2)\eta_2(1+\varDelta\eta_2)}{N}$$

$$= \frac{N_1\varDelta N_1\,[1 - \eta_2\,(1-E_2)\,(1+\varDelta\eta_2)] + h_2\eta_2\varDelta\eta_2}{N}$$

$$= \frac{N_1\cdot\varDelta N_1\,[1 - \eta_2\,(1-E_2)\,(1+\varDelta\eta_2)] + (N - N_1)\varDelta\eta_2}{N}$$

$$= \frac{N_1}{N}\cdot\varDelta N_1\Big[1 - \eta_2\,(1-E_2)\cdot(1+\varDelta\eta_2)\Big] + \Big(1 - \frac{N_1}{N}\Big)\varDelta\eta_2$$

$\dfrac{N_1}{N}$ ist der Leistungsanteil des Hochdruckteiles und werde mit λ_1 bezeichnet. Setzt man

$$\varDelta\lambda_1 = \frac{\lambda_1' - \lambda_1}{\lambda_1} = \frac{\dfrac{N_1'}{N} - \dfrac{N_1}{N}}{\dfrac{N_1}{N}} = \frac{N_1' - N}{N_1} = \varDelta N_1,$$

so wird

$$-\frac{\varDelta D}{1+\varDelta D} = \lambda_1\cdot\varDelta\lambda_1\,[1 - \eta_2\,(1-E_2)\,(1+\varDelta\eta_2)] + (1 - \lambda_1)\cdot\varDelta\eta_2.$$

Es ist $c_p T_2 = c_p T_1 - N_1$

und $\quad h_2 = c_p T_2\,(1 - E_2) = (c_p T_1 - N_1)\,(1 - E_2),$

Ableitung der Gleichung für ideale Gase.

somit $-\dfrac{\Delta D}{1+\Delta D} = \lambda_1 \cdot \Delta \lambda_1 \left[1 - \dfrac{h_2 \eta_2 (1 + \Delta \eta_2)}{c_p T_1 - N_1} \right] + (1-\lambda_1) \Delta \eta_2$

$\qquad = \lambda_1 \cdot \Delta \lambda_1 \dfrac{c_p T_1 - N_1 - h_2 \eta_2 - h_2 \eta_2 \Delta \eta_2}{c_p T_1 - N_1} + (1-\lambda_1) \Delta \eta_2$

$\qquad = \lambda_1 \cdot \Delta \lambda_1 \dfrac{c_p T_1 - N - h_2 \eta_2 \Delta \eta_2}{c_p T_1 - N_1} + (1-\lambda_1) \Delta \eta_2$

$\qquad = \lambda_1 \cdot \Delta \lambda_1 \dfrac{c_p T_1 - N - N(1-\lambda_1) \cdot \Delta \eta_2}{c_p T_1 - \lambda_1 N} + (1-\lambda_1) \Delta \eta_2$

$N = c_p T_1 (1 - E) \eta$

$-\dfrac{\Delta D}{1+\Delta D} = \lambda_1 \Delta \lambda_1 \dfrac{1 - \eta (1-E)[1 + \Delta \eta_2 (1-\lambda_1)]}{1 - \lambda_1 \eta (1-E)} + (1-\lambda_1) \cdot \Delta \eta_2$

$\hfill (2)$

$\Delta \eta_2$ ist die Veränderung, die η_2 infolge der Veränderung von T_2 in T_2' erfährt. Bei Wasserdampf verändert sich η_2 für je $\pm 20^0$ Änderung von T_2 um etwa $\pm 0{,}01 \cdot \eta_2$, wie im nächsten Abschnitt näher ausgeführt wird. Wie sich η_2 bei vollkommenen Gasen mit der Temperatur ändert, dafür sind keine zahlenmäßigen Angaben bekannt. Jedenfalls ist $\Delta \eta_2$ sehr klein; vernachlässigt man es, so fällt das zweite Glied der rechten Seite weg und es ergibt sich

$$-\dfrac{\Delta D}{1+\Delta D} = \lambda_1 \cdot \Delta \lambda_1 \dfrac{1 - \eta(1-E)}{1 - \lambda_1 \cdot \eta(1-E)}$$

oder $\qquad -\dfrac{\Delta D}{(1+\Delta D) \cdot \Delta \lambda_1} = \lambda_1 \cdot \dfrac{1 - \eta(1-E)}{1 - \lambda_1 \eta(1-E)} = \delta \qquad (2\,\mathrm{a})$

Für $\lambda_1 = 0$ wird $\delta = 0$, für $\lambda_1 = 1$ wird $\delta = \lambda_1 = 1$; für alle Werte von λ_1 zwischen 0 und 1 wird $\delta < \lambda_1$. Näherungsweise muß also δ durch eine Gleichung von der Form $\delta = \lambda_1^m$ ausgedrückt werden können.

In den Fällen, wo bei der Veränderung $\Delta \lambda_1$ des Leistungsanteiles λ_1 des Hochdruckteiles das adiabatische Gefälle h_1 des Hochdruckteiles unverändert bleibt, z. B. bei einer Beschädigung seiner Beschaufelung, kann an Stelle von $\Delta \lambda_1$ auch $\Delta \eta_1$ gesetzt werden, da dann

$$\Delta \lambda_1 = \dfrac{h_1 \eta_1' - h_1 \cdot \eta_1}{h_1 \eta_1} = \dfrac{\eta_1' - \eta_1}{\eta_1} = \Delta \eta_1 \quad \text{wird.}$$

Eine ähnliche Beziehung läßt sich für den Fall finden, daß sich bei gleichbleibender Druckverteilung nicht Gütegrad η_1 und

Ableitung der Gleichung für ideale Gase.

Leistungsanteil λ_1 des Hochdruckteiles, sondern Gütegrad η_M und Leistungsanteil λ_M irgendeines in der Turbine gelegenen Turbinenteiles ändern. Die Turbine besteht dann aus drei Teilen, dem Hochdruckteil mit dem Index H und unveränderlich gedachtem Leistungsanteil λ_H, dem Mitteldruckteil mit dem Index M und veränderlichem Leistungsanteil λ_M und dem Niederdruckteil mit dem Index N. In Gleichung (2a) ist dann zu setzen:

Zahlen-

	Turbine			A			B		
①	Druck vor der Turbine	p_1	at abs.	13			13		
②	Temp. vor der Turbine	t_1	°C	300			300		
③	Druck in der 1. Stufe	p_2	at abs.	5			2,5		
④	Druck im Abdampf-Stutzen	p_a	„	0,05			0,05		
⑤	Wärmeinhalt vor der Turbine	i_1	WE/kg	728,9			728,9		
⑥	Wärmeinhalt nach adiab. Exp. in der 1. Stufe	i''	„	676,7			645,1		
⑦	Adiabatisches Gefälle der Hochdruck-Stufe	h_1	„	52,2			83,8		
⑧	Fall		—	A_1	A_2	A_3	B_1	B_2	B_3
⑨	Gütegrad des Hochdruckteils	η_1	—	0,65	0,60	0,70	0,65	0,60	0,70
⑩	Nutzgefälle des Hochdruckteils	N_1	WE/kg	33,9	31,3	36,5	54,5	50,3	58,7
⑪	Wärmeinhalt vor dem Niederdruckteil	i_2	„	695,0	697,6	692,4	674,4	678,6	670,2
⑫	Temperatur vor dem Niederdruckteil	t_2	°C	223,5	229,0	218,0	177,5	186,5	169,0
⑬	Wärmeinhalt nach adiab. Exp. im Niederdruckteil	i_a	WE/kg	522,7	524,3	521,0	532,3	535,3	529,4
⑭	Adiabatisches Gefälle des Niederdruckteils	h_2	„	172,3	173,3	171,4	142,1	143,3	140,8
⑮a	Ursprünglicher Gütegrad des Niederdruckteils	η_2	—	0,75	—	—	0,75	—	—
⑮b	Geänderter Gütegrad des ND.-Teils infolge des veränderten t_2		—	—	0,752	0,748	—	0,753	0,747
⑯	Nutzgefälle des Niederdruckteils	N_2	WE/kg	129,2	130,3	128,2	106,6	108,0	105,4
⑰	Nutzgefälle der Turbine	N	„	163,1	161,6	164,7	161,1	158,3	164,1
⑱	Dampfverbrauch, bez. auf die Wellenleistung	D	kg/PS-st	3,875	3,91	3,84	3,92	3,99	3,85

Ableitung der Gleichung für ideale Gase.

$$\frac{\lambda_M \cdot \Delta \lambda_M}{\lambda_H + \lambda_M} \text{ st } \Delta \lambda_1$$

und $(\lambda_H + \lambda_M)$ statt λ_1.

Dies in Gleichung (2a) eingesetzt ergibt:

$$\delta = -\frac{\Delta D}{(1+\Delta D)\cdot \Delta \lambda_M} = \lambda_M \cdot \frac{1-\eta\cdot(1-E)}{1-(\lambda_H+\lambda_M)\cdot \eta \cdot (1-E)} \quad (2\,\text{b})$$

Tafel 1.

C	D	E	F	
13	8	8	8	
300	250	250	250	
1,2	3	2	1	
0,05	0,08	0,08	0,08	
728,9	706,4	706,4	706,4	
615,4	657,2	639,8	612,2	
113,5	49,2	66,6	94,2	= ⑤ − ⑥

C_1	C_2	C_3	D_1	D_2	D_3	E_1	E_2	E_3	F_1	F_2	F_3	
0,65	0,60	0,70	0,65	0,60	0,70	0,65	0,60	0,70	0,65	0,60	0,70	angenommen
73,75	68,2	79,45	32,0	29,5	34,4	43,3	40,0	46,6	61,2	56,5	65,9	= ⑦ · ⑨
655,15	660,7	649,45	674,4	676,9	672,0	663,1	666,4	659,8	645,2	649,9	640,5	= ⑤ − ⑩
133,5	146,0	121,5	178,5	183,5	173,5	152,5	160,0	146,0	111,5	122,0	101,5	Zu p_2 und i_2 gehörig
543,0	547,3	538,45	540,3	541,9	538,7	546,1	548,5	543,6	555,6	559,3	551,9	
112,15	113,4	111,0	134,1	135,0	133,3	117,0	117,9	116,2	89,6	90,6	88,6	= ⑪ − ⑬
0,75	−	−	0,75	−	−	0,75	−	−	0,75	−	−	angenommen bei $\eta_1 = 0{,}65$
−	0,755	0,745	−	0,752	0,748	−	0,753	0,7475	−	0,754	0,746	= $\pm\frac{20°}{\pm 0{,}01}\,\eta$
84,1	85,55	82,7	100,6	101,5	99,7	87,8	88,8	86,9	67,1	68,3	66,1	= ⑭ · ⑮
157,85	153,75	162,15	132,6	131,0	134,1	131,1	128,8	133,5	128,3	124,8	132,0	= ⑩ + ⑯
4,005	4,115	3,895	4,77	4,825	4,715	4,82	4,905	4,735	4,93	5,07	4,79	= $\frac{632{,}3}{⑰}$

III. Ableitung der Gleichung für Wasserdampf.

Gleichung (2) ist nur dann brauchbar, wenn der Exponent $\varkappa$ der Adiabate unveränderlich ist. Dies ist aber bei Wasserdampf nicht der Fall; $\varkappa$ ist bei hoher Überhitzung $= 1,3$ und nimmt in der Nähe der Grenzkurve bis auf etwa 1,15 ab, um im Sättigungsgebiet noch weiter zu sinken. Außerdem kommt noch der Umstand hinzu, daß der Gütegrad η_2 des Niederdruckteiles einer gegebenen Turbine auch bei gleichbleibendem Druckverhältnis $\varepsilon_2 = \dfrac{p_a}{p_2} = \text{const.}$ nicht unveränderlich ist, sondern sich mit der Überhitzung τ_2, die vor dem Niederdruck herrscht, ändert. Infolgedessen ist δ außer von λ_1, η und ε auch noch von $\varkappa$ und τ_2 abhängig, und eine Gleichung hierfür ließe sich nur aufstellen, wenn die Beziehung zwischen $\varkappa$ und dem Dampfzustand durch eine einfache Gleichung ausgedrückt werden könnte. Da dies aber nicht möglich ist, ist es vorzuziehen, einige Zahlenbeispiele durchzurechnen und ihr Ergebnis zur Aufstellung einer einfachen Näherungsgleichung zu verwenden. Zu diesem Zwecke seien 6 Turbinen A, B, C, D, E und F angenommen, von denen A, B und C mit Dampf von 13 at abs., 300° C und 0,05 at abs. Gegendruck, D, E und F mit Dampf von 8 at abs., 250° C und 0,08 at abs. Gegendruck betrieben werden. Jede Turbine habe einen anderen Druck p_2 und demnach auch einen anderen Leistungsanteil λ_1 des Hochdruckteiles. In allen Fällen sei der Gütegrad des Hochdruckteiles zunächst $\eta_1 = 0,65$, der des Niederdruckteiles $\eta_2 = 0,75$ angenommen. Die Zahlenrechnung, der die Entropietafel von Wagner[1]) zugrunde gelegt ist, ist in den Spalten A_1, B_1, C_1, D_1, E_1 und F_1 von Zahlentafel 1 durchgeführt. Eine besondere Erläuterung dieser Rechnung ist nicht erforderlich. In den Spalten A_2, B_2 usw. ist angenommen, daß sich η_1 von 0,65 auf 0,60 verschlechtert, und in den Spalten A_3, B_3 usw., daß sich η_1 auf 0,70 verbessert hat. Diese Veränderung von η_1 hat zur Folge, daß sich i_2, t_2 und h_2 ebenfalls ändern. Die Änderung von t_2 verursacht wiederum eine Änderung von η_2. Daß sich der thermodynamische Gütegrad einer Turbine mit der Überhitzung ändert, ist bereits von Stodola[2]) hervorgehoben worden; die Ursache für dies Verhalten liegt zum Teil

---

[1]) Verlag von Julius Springer, Berlin, 1913.
[2]) Stodola S. 215.

in dem von Christlein[1]) gefundenen Einfluß der Überhitzung auf den Geschwindigkeitskoeffizienten φ der Leitapparate. Wahrscheinlich wird der Koeffizient ψ der Laufschaufeln in ähnlicher Weise beeinflußt, wenn auch Versuche in dieser Hinsicht bisher nicht bekannt geworden sind. Als zahlenmäßige Angabe für den Einfluß der Überhitzung auf den Gütegrad findet sich in der Hütte[2]) die Beziehung, daß sich η für $\pm 20°$ Überhitzung um $\pm 0{,}01 \cdot \eta$ ändert. Dieser Zahlenwert steht in Einklang mit den bekanntgewordenen Dampfverbrauchszahlen; beispielsweise hat Stodola[3]) als Abb. 417 in seinem Werk die gemessene Dampfverbrauchskurve einer ausgeführten Turbine bei veränderlicher Überhitzung veröffentlicht. Bei Nachrechnung dieser Kurve findet man folgende Zahlen:

Dampfdruck vor der Turbine .	at abs.	13	13
Temperatur vor der Turbine .	°C	250	300
Vakuum	%	95,7	95,7
Dampfverbrauch	kg/kWst	6,5	6,0
Hieraus ergibt sich ein Gütegrad η	—	0,6305	0,6460
Unterschied	—	0,0155 $\sim 2{,}43\%$ von η	

D. h.: $50°$ Überhitzung ändert bei der vorliegenden Turbine den Gütegrad η um $2{,}43\%$ oder $20{,}6°$ um 1% von η. Auch alle anderen veröffentlichten, sowie bisher unveröffentlichte Versuche der AEG über den Einfluß der Überhitzung zeigen, daß die zur Änderung von η um $0{,}01 \cdot \eta$ erforderliche Temperaturänderung nur ganz wenig um den Wert $20°$ schwankt, so daß man berechtigt ist, diesen Wert bei Berechnungen zugrunde zu legen, ohne befürchten zu müssen, merkbare Fehler zu machen. In Reihe (15a) von Zahlentafel 1 ist für den Niederdruckteil von Turbine A_1 ein $\eta_2 = 0{,}75$ angenommen worden; da sich durch die Veränderung von η_1 die Temperatur t_2 vor dem Niederdruckteil geändert hat, muß jetzt auch für die geänderte Turbine A_2 und A_3 ein der neuen Temperatur t_2 entsprechend geändertes η_2 eingesetzt werden, wie

---

[1]) Z. d. V. d. I. 1911, S. 2087.
[2]) Hütte. 22. Aufl. II, S. 217.
[3]) Stodola S. 402.

Ableitung der Gleichung für Wasserdampf.

es in Reihe (15b) von Zahlentafel 1 geschehen ist. So ergibt sich schließlich in Reihe (18) von Zahlentafel 1 für $\eta_1 = 0{,}60$ ein höherer und für $\eta_1 = 0{,}70$ ein niedrigerer Dampfverbrauch als für $\eta_1 = 0{,}65$. In Zahlentafel 2 ist für alle Turbinen das Verhältnis

$$\delta = \frac{-\Delta D}{(1 + \Delta D) \cdot \Delta \lambda_1}$$

in Reihe (12), das zugehörige λ_1 in Reihe (2) berechnet. In Abb. 3 ist δ abhängig von λ_1 aufgetragen, und zwar sind die Punkte für

$$\varepsilon = \frac{p_a}{p_1} = \frac{0{,}05}{13} = 0{,}003845 \text{ mit o und die für } \varepsilon = \frac{0{,}08}{8} = 0{,}01$$

Zahlen-

	Turbine		A			B			C		
①	Ausgangspunkt	Fall	A₁	A₂	A₃	B₁	B₂	B₃	C₁	C₂	C₃
②	Leistungsanteil des Hochdruckteils $\lambda_1 = \frac{N_1}{N}$	—	0,208	0,194	0,222	0,338	0,318	0,358	0,467	0,448	0,490
③	η_1	—	0,65	0,60	0,70	0,65	0,60	0,70	0,65	0,60	0,70
④	D	kg/PS-st	3,875	3,91	3,84	3,92	3,99	3,85	4,005	4,115	3,895
⑤	Vergleichspunkt	Fall	A₂	A₃	A₃	A₂	B₂	B₃	B₃	B₂	C₂	C₃	C₃	C₂
⑥	η'_1	—	0,60	0,70	0,70	0,60	0,60	0,70	0,70	0,60	0,60	0,70	0,70	0,60
⑦	D'	kg/PS-st	3,91	3,84	3,84	3,91	3,99	3,85	3,85	3,99	4,115	3,895	3,895	4,115
⑧	$\Delta \lambda_1$	—	−0,077	+0,167	+0,143	−0,077	+0,167	+0,143	−0,077	+0,167	+0,143
⑨	ΔD	—	+0,00903	−0,0179	+0,0182	+0,01785	−0,0351	+0,0864	+0,02745	−0,0534	+0,0565
⑩	$-\frac{\Delta D}{\Delta \lambda_1} = \delta'$	—	0,1175	0,1072	0,1272	0,232	0,210	0,2545	0,357	0,320	0,395
⑪	$1 + \Delta D$	—	1,009	0,991	0,9821	1,0182	1,0179	0,9821	0,9649	1,0364	1,0275	0,9725	0,9466	1,0565
⑫	$-\frac{\Delta D}{\Delta \lambda_1 (1 + \Delta D)} = \delta$	—	0,116	0,1185	0,109	0,125	0,228	0,236	0,218	0,2455	0,347	0,367	0,338	0,374
⑬	$m = \log \delta : \log \lambda_1$	—	1,372	1,358	1,352	1,381	1,363	1,331	1,329	1,367	1,390	1,347	1,332	1,382

Auftragung

Ableitung der Gleichung für Wasserdampf.

mit • bezeichnet. Die Auftragung läßt erkennen, daß innerhalb der recht erheblichen Grenzen des Druckverhältnisses ε dieses keinen wesentlichen Einfluß auf δ hat. Wie auf Seite 7 ausgeführt worden ist, kann die Beziehung zwischen δ und λ_1 durch eine Näherungsgleichung von der Form

$$\delta = \lambda_1^m \qquad (3)$$

ausgedrückt werden. Es soll nun untersucht werden, mit welcher Annäherung die in Abb. 3 abhängig von λ_1 aufgetragenen Werte von δ das Exponentialgesetz befolgen und welchen Wert der Exponent m hat. Durch Logarithmierung von Gleichung (3) findet man

$$m = \frac{\log \delta}{\log \lambda_1}.$$

Tafel 2.

D			E			F			
D_1	D_2	D_3	E_1	E_2	E_3	F_1	F_2	F_3	
0,2415	0,2255	0,2565	0,33	0,311	0,349	0,4765	0,4525	0,4995	$= \dfrac{⑩}{⑰}$ ⎫ von
0,65	0,60	0,70	0,65	0,60	0,70	0,65	0,60	0,70	$= ⑨$ ⎬ Zahlentafel 1
4,77	4,825	4,715	4,82	4,905	4,785	4,98	5,07	4,79	$= ⑱$ ⎭

D_2	D_3	D_3	D_2	E_3	F_3	E_3	E_2	F_2	F_3	F_3	F_2	
0,60	0,70	0,70	0,60	0,60	0,70	0,70	0,60	0,60	0,70	0,70	0,60	$= ⑨$ ⎫ von
4,825	4,715	4,715	4,825	4,905	4,735	4,735	4,905	5,07	4,79	4,79	5,07	$= ⑱$ ⎬ Zahlentafel 1
−0,077	+0,167	+0,143		−0,077	+0,167	+0,143		−0,077	+0,167	+0,143		$= \dfrac{⑥ - ③}{③}$
+0,0115	−0,0228	−0,0233		+0,0176	−0,0346	−0,03595		+0,0284	−0,0553	−0,0585		$= \dfrac{⑦ - ④}{④}$
0,1495	0,1365	0,163		0,229	0,207	0,251		0,369	0,331	0,409		$= -\dfrac{⑨}{⑧}$
1,0115	0,9885	0,9772	1,0233	1,0176	0,9824	0,9654	1,0359	1,0284	0,9716	0,9447	1,0585	$= 1 + ⑨$
0,1475	0,1512	0,1395	0,159	0,225	0,233	0,214	0,2425	0,359	0,380	0,350	0,387	$= -\dfrac{⑩}{⑪}$
1,347	1,329	1,322	1,353	1,345	1,314	1,320	1,346	1,382	1,305	1,324	1,368	

in Abb. 3 und 4.

Ableitung der Gleichung für Wasserdampf.

In Reihe (13) von Zahlentafel 2 ist m auf diese Weise berechnet worden; im Mittel ergibt sich m = 1,34 oder $^4/_3$, so daß Gleichung (3) die Form

$$\delta = - \frac{\Delta D}{(1 + \Delta D) \cdot \Delta \lambda_1} = \lambda_1^{4/3} \qquad (3a)$$

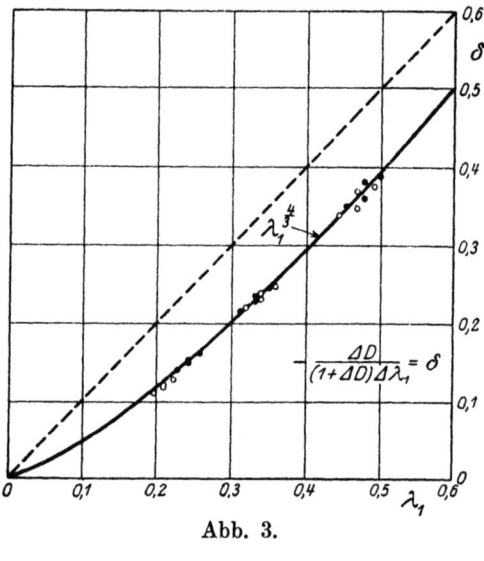

Abb. 3.

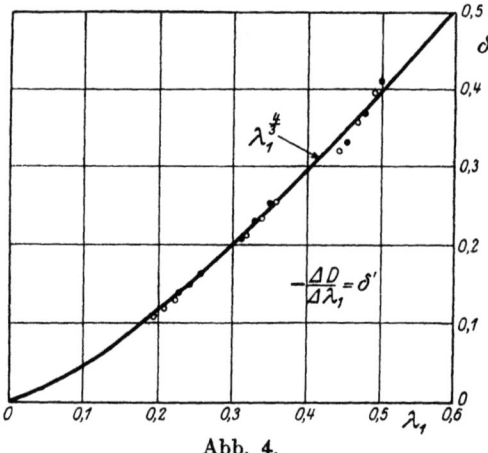

Abb. 4.

annimmt. In Abb. 3 ist Gleichung (3a) als ausgezogene Linie eingetragen; man erkennt, daß die so gefundene Kurve mit den berechneten Punkten sehr gut übereinstimmt, so daß Gleichung (3a) oder die Kurve Abb. 3 innerhalb der Grenzen $\lambda_1 = 0{,}2$ bis $0{,}5$ unbedenklich angewendet werden kann. Immerhin ist die Anwendung von Gleichung (3a) etwas umständlich; sie wird bequemer, wenn man sie etwas vereinfacht und näherungsweise setzt:

$$\delta' = -\frac{\Delta D}{\Delta \lambda_1} = \lambda_1^{4/3} \qquad (3\,\mathrm{b})$$

Diese Beziehung ist in Abb. 4 als ausgezogene Linie eingetragen. Dazu sind als Punkte ○ und ● die Werte von δ' aus Reihe (10) von Zahlentafel 2 eingetragen. Die Übereinstimmung der Punkte und der Näherungskurve ist sehr gut, so daß letztere unbedenklich innerhalb der Grenzen, für die sie berechnet ist, angewendet werden kann.

Wendet man Gleichung (3a) und (3b) auf ein Beispiel an, so findet man: Ist bei einer Turbine der Leistungsanteil des Hochdruckteiles $\lambda_1 = 0{,}25$ und verschlechtert man den Gütegrad dieses Teiles um 10 vom Hundert, wobei also $\Delta \lambda_1 = \Delta \eta_1 = -0{,}10$ wird, so würde, wenn diese Verschlechterung den Niederdruckteil nicht beeinflußt, nach Gleichung (1a)

$$-\frac{\Delta D}{(1 + \Delta D) \cdot \Delta \lambda_1} = \lambda_1 = 0{,}25$$

oder $\Delta D = 0{,}0257$ werden, d. h. der Dampfverbrauch würde sich um 2,57 vom Hundert erhöhen. Infolge des Rückgewinnes an zusätzlicher Verlustwärme wird sich aber der Dampfverbrauch

nach Gleichung (3a) nur um 1,60 und
,, ,, (3b) ,, ,, 1,57 v. H. erhöhen.

Im vorliegenden Fall ist also fast die Hälfte der durch die Verschlechterung von η_1 verursachten zusätzlichen Verlustwärme im Niederdruckteil wiedergewonnen worden.

Für den Fall, daß die Änderung des Gütegrades in irgendeiner mittleren Stufe stattfindet, nimmt bei Anwendung der Bezeichnungen wie in Gleichung (2a) die Gleichung (3) die Form an:

$$-\frac{\Delta D}{(1 + \Delta D) \cdot \Delta \lambda_\mathrm{M}} = \lambda_\mathrm{M} (\lambda_\mathrm{H} + \lambda_\mathrm{M})^{m-1} \qquad (3\,\mathrm{c})$$

Es wäre eine besondere Aufgabe, die an dieser Stelle nicht behandelt werden soll, zu untersuchen, ob der Exponent m denselben Wert $= 4/3$ hat, wie in Gleichung (3a). Da bei Wasserdampf der Exponent $\varkappa$ der Adiabate um so kleiner wird, je weiter man mit der Expansion in das Naßdampfgebiet kommt, ist anzunehmen, daß der Exponent m um so kleiner wird, je näher die betreffende Stufe dem Abdampfstutzen der Turbine ist.

IV. Versuche zur Prüfung der Gleichung.

Zur Untersuchung, ob die Gleichung (3b) sich genügend genau mit der Wirklichkeit deckt, sollen Versuche herangezogen werden, die von mir im Jahre 1906 an einer AEG-Turbine von 3000 kW und n = 1500 ausgeführt worden sind. Die Turbine bestand aus einer zweikränzigen Curtis-Hochdruckstufe von 1800 mm Durchmesser mit einer mittleren Umfangsgeschwindigkeit $u_1 = 141,3$ m/sk und einem neunstufigen Niederdruckteil mit einkränzigen Rädern. Die Versuche selbst sind bereits von Baer [1]) veröffentlicht worden, so daß eine nähere Beschreibung der Versuchsanordnung nicht erforderlich ist. Zur Untersuchung sollen solche Versuche herangezogen werden, bei denen die Leistung des Hochdruckteiles dadurch verschlechtert wurde, daß nacheinander eine Anzahl von Zusatzdüsen geöffnet und der Druck vor den Düsen jedesmal soweit gedrosselt wurde, daß die stündliche Dampfmenge und der Druck p_2 vor dem Niederdruckteil angenähert unverändert blieben. Bei dieser Regelung ändert sich das Gefälle und der Leistungsanteil der Curtisstufe, zu dessen Berechnung die Kenntnis ihres Gütegrades erforderlich ist. Dieser ist bei gleichbleibender Umfangsgeschwindigkeit von zwei Umständen abhängig, nämlich von der Überhitzung τ_1 und vom Druckverhältnis $\varepsilon_1 = p_2/p_1$.

Die Abhängigkeit des Gütegrades von ε_1 wurde durch einen besonderen Versuch bestimmt, indem die Leistung und der Gütegrad des Niederdruckteiles bei ausgebautem Curtisrade bestimmt wurden. Hieraus und aus dem gemessenen Gütegrad der ganzen Turbine wurde der Gütegrad an der Nabe des Curtisrades bei verschiedenem Druckverhältnis und einer Überhitzung $\tau_1 = 118°$ ermittelt. Zur Bestimmung des Gütegrades η_u am Radumfang mußte noch die Radreibung des Curtisrades berücksichtigt werden. Diese wurde rechnerisch nach der von mir aufgestellten Näherungsformel [2]) $N_r = 2,8 \cdot D_m^4 \cdot L \cdot n^3 \cdot \gamma \cdot 10^{-10}$ in PS.

[1]) Baer, Forschungsheft Nr. 86, S. 47 f.
[2]) Hütte. II, S. 221.

Hierin ist $D_m = 1,8$ m, die mittlere Schaufellänge $L = 3,55$ cm, $n = 1500$ und γ das spezifische Gewicht des Dampfes, in dem das Curtisrad rotiert. Der auf diese Weise gefundene Zusammenhang zwischen dem Gütegrad η_u am Radumfang des Curtisrades und dem Druckverhältnis $\varepsilon_1 = p_2/p_1$ ist in Abb. 5 wiedergegeben. Absolut genommen ist der gefundene Gütegrad niedrig, die Ursache hiervon ist die niedrige Umfangsgeschwindigkeit $u = 141,3$ m/sec und das hiervon abhängige ungünstige Verhältnis $c_{0/u}$. Beispielsweise ist bei dem zum Erweiterungsverhältnis der Düsen $f_2/f_m = 1,48$ passenden Druckverhältnis $\varepsilon_g = 0,182$ die theoretische Dampf-

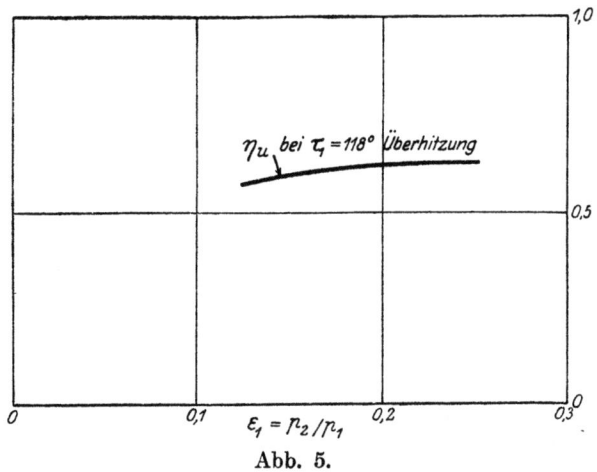

Abb. 5.

geschwindigkeit $c_0 = 852$ m/sk und das Verhältnis $c_{0/u} = 852 : 141,3 = 6,02$. Aus Abb. 5 entnimmt man bei $\varepsilon = 0,182$ einen Wert $\eta_u = 0,612$, was mit dem Werte $\eta_u = 0,615$ bei $c_{0/u} = 6,02$ nach Bauer-Lasche[1]) sehr gut übereinstimmt.

Mit der Kurve Abb. 5 ist in Spalte 1 von Zahlentafel 3 zunächst Versuch Nr. 3 untersucht, bei dem 6 Düsen geöffnet waren, wobei der volle Druck $p_1 = 13,04$ at abs. vor ihnen herrschte. Die Radreibung ist nach obiger Formel berechnet; hierbei muß γ dem Druck $p_2 = 1,68$ at abs. und dem Wärmeinhalt $i_2 = i_1 - h_u$ $= 675$ WE/kg, also einer Temperatur von $\sim 177°$ entsprechen, demnach $= 0,803$ kg/cbm sein. Die Radreibung wird also

---

[1]) Bauer-Lasche, S. 71. Fig. 24.

Zahlentafel 3.

①	Zahlen		nach	Versuch 3	Rechnung			
②	Druck vor der Turbine	p_0	at abs.	13,04	13,04	13,04	13 04	
③	Temperatur vor der Turbine	t_0	°C	309	309	309	309	
④	Druck vor den Düsen	p_1	at abs.	13,04	10,0	8,0	6,8	aus der Drosselkurve
⑤	Temperatur vor den Düsen	t_1	°C	309	306,5	305	304	
⑥	Überhitzung vor den Düsen	τ_1	„	118	127,5	135,5	141	
⑦	Druck vor dem Niederdruckteil	p_2	at abs.	1,68	1,68	1,68	1,68	
⑧	Wärmeinhalt vor den Düsen	i_1	WE/kg	733,5	733,5	733,5	733,5	
⑨	Wärmeinhalt nach adiabatischer Expansion in der Hochdruckstufe	i''	„	631,4	642,5	652,0	659 0	
⑩	Adiabatisches Gefälle der Hochdruckstufe	h_1	„	102,1	91,0	81,5	74,5	= ⑧ − ⑨
⑪	Druckverhältnis der Hochdruckstufe $p_2/p_1 = \varepsilon_1$		—	0,1288	0,168	0,210	0,247	= ⑦ : ④
⑫	Gütegrad am Radumfang der Hochdruckstufe	η_u'	—	0,573	0,604	0,621	0,625	bei $\tau_1 = 118°$ nach Abb. 5
⑬	Gütegrad am Radumfang der Hochdruckstufe	η_u	—	0,573	0,607	0,6265	0,632	bei $\tau_1 = $ ⑥
⑭	Nutzgefälle am Radumfang der Hochdruckstufe	h_u	WE/kg	58,5	55,2	51,05	47,1	= ⑩ · ⑬
⑮	Dampfmenge	G	kg/st	11 412	11 412	11 412	11 412	
⑯	Leistung am Radumfang der Hochdruckstufe	L_u	kW	777	734	679	627	= ⑭ · ⑮ / 860
⑰	Radreibung der Hochdruckstufe	R_1	„	21	20,5	20	19,5	berechnet (Seite 17)
⑱	Nutzleistung der Hochdruckstufe	L_1'	„	756	713,5	659	607,5	= ⑯ − ⑰
⑲	Nutzleistung der Hochdruckstufe bei ungedrosseltem Dampf	L_1	„	756	756	756	756	wie bei Versuch 3
⑳	$\Delta \lambda_1$		—	0	−0,0563	−0,1283	−0,1963	= (⑱ − ⑲) / ⑲
㉑	Leistung d. Turbine bei ungedrosseltem Dampf	L_w	kW	2061				gemessen (Zahlentafel 4)
㉒	Leistungsanteil der Hochdruckstufe bei ungedrosseltem Dampf	$\lambda_1 = \frac{L_1}{L_w}$	—	0,3665				= ⑲ : ㉑
㉓	$-\frac{\Delta D}{\Delta \lambda_1} = \delta'$		—	0,264				= $\lambda_1^{4/3}$ nach Abb. 4
㉔	ΔD		—	0	+0,01486	+0,03388	+0,05185	= ⑳ · ㉓
㉕	Dampfverbrauch bezogen auf die Wellenleistung bei ungedrosseltem Dampf	D_w'	kg/kW-st	5,54				gemessen (Zahlentafel 4)
㉖	$\Delta D \cdot D_w'$		„	0	+0,082	+0,1875	+0,287	= ㉔ · ㉕
㉗	Dampfverbrauch bezogen auf die Wellenleistung	D_w	„	5,54	5,622	5,728	5,827	= ㉕ + ㉖

Versuche zur Prüfung der Gleichung.

$$N_r = 2{,}8 \cdot 1{,}8^4 \cdot 3{,}55 \cdot 1500^3 \cdot 0{,}805 \cdot 10^{-10} = 28{,}3 \text{ PS}$$
$$\text{oder} = 21 \text{ kW}.$$

Zahlentafel 4.

①	Versuch		Nr.	3	4	5	6	
②	Druck vor der Turbine	p_0	at abs.	13,04	13,04	13,04	13,04	gemessen
③	Temperatur vor der Turbine	t_0	°C	309	308	309	313	,,
④	Druck vor den Düsen	p_1	at abs.	13,04	10,04	8,04	6,84	,,
⑤	Temperatur vor den Düsen	t_1	°C	309	306	305	308	,,
⑥	Druck vor dem Niederdruckteil	p_2	at abs.	1,68	1,75	1,75	1,792	,,
⑦	Vakuum im Abdampfstutzen	V_α	%	96,4	96,38	96,32	96,12	,,
⑧	Dampfmenge	G	kg/st	11412	11630	11560	11714	,,
⑨	Leistung an den Klemmen	L	kW	1896	1904	1853	1850	,,
⑩	Wirkungsgrad der Dynamo	η_D	—	0,92	0,921	0,919	0,919	,,
⑪	Leistung an der Turbinenwelle	L_w	kW	2061	2067	2016	2013	,,
⑫	Dampfverbrauch an der Turbinenwelle	D_w	kg/kW-st	5,54	5,63	5,735	5,82	= ⑧ : ⑪
⑬	Dampfverbrauch, umgerechnet auf 309° C und 96,4% Vakuum	D_w umgerechnet	,,	5,54	5,62	5,725	5,83	mit ± 6,5 °C = ∓ 1% Dampfverbrauch mit ± 1% Vak. = ∓ 1,5% Dampfverbrauch
⑭	Berechneter Dampfverbrauch	D_w berechnet	,,		5,622	5,728	5,827	— ㉗ von Zahlentafel 3

In Spalte 2—4 ist berechnet, wie sich der Dampfverbrauch nach Gleichung (3b) verschlechtert, wenn der Leistungsanteil des Hochdruckteiles durch Drosseln verkleinert wird. Infolge der Drosselung steigt die Überhitzung vor der Hochdruckstufe, so daß sich ihr Gütegrad verbessert; in Übereinstimmung mit dem oben Gesagten ist angenommen worden, daß sich η_u für je $\pm 20^0$ um $\pm 0,01 \cdot \eta_u$ verändert. Als Ergebnis findet sich in Reihe (27) der Dampfverbrauch, wie er sich infolge der Drosselung rechnungsmäßig einstellen sollte.

Wie er sich wirklich eingestellt hat, ist aus den Versuchen 4,5 und 6, die in Zahlentafel 4 dem Versuch Nr. 3 gegenübergestellt sind, zu ersehen. In Reihe 12 sind die gemessenen Werte eingetragen. Damit sie mit dem Ergebnis von Versuch Nr. 3 unmittelbar verglichen werden können, mußten sie auf die Dampfverhältnisse des letzteren umgerechnet werden. Die Umrechnung ist erfolgt nach der Beziehung: $\pm 6,5^0$ C = $\mp 1\%$ und $\pm 1\%$ Vakuum = $\mp 1,5\%$ Dampfverbrauch. Da die Unterschiede in den Dampfverhältnissen nur sehr gering sind, kann der durch eine nicht ganz richtige Umrechnung etwa verursachte Fehler nur verschwindend klein sein. Die umgerechneten Zahlen sind in Reihe (13) eingetragen. Zum Vergleich mit den in Zahlentafel 3 berechneten Werten sind letztere noch in Reihe (14) hinzugefügt. Man erkennt, daß die Übereinstimmung zwischen den gemessenen und berechneten Werten außerordentlich gut ist, wodurch die Zuverlässigkeit der Kurven Abb. 3 und 4 erwiesen ist.

V. Der Gütegrad des Hochdruckteils.

Die Schlußfolgerung, die man aus dem bisher Gesagten ziehen kann, ist, daß es auf den Gütegrad des Hochdruckteiles um so weniger ankommt, je geringer der Gefällanteil ist, den er zu verarbeiten hat. Bei Turbinen größerer Leistung, d. h. von etwa 3000 PS an, bei denen der Hochdruckteil aus einer Curtisstufe besteht, beträgt deren Leistungsanteil in der Regel etwa 25 bis 30% der Turbinenleistung. Will man nun den Dampfverbrauch einer solchen Turbine um den geringen Betrag von 2% dadurch verbessern, daß man die Curtisstufe durch einen anderen Hochdruckteil mit besserem Gütegrad ersetzt, so müßte dieser nach Abb. 4 um

$$\Delta \lambda_1 = \frac{\Delta D}{\lambda_1^{4/3}} = \frac{0,02}{0,25^{4/3}} \text{ bis } \frac{0,02}{0,30^{4/3}} = 0,125 \text{ bis } 0,10$$

also um 12,5 bis 10% gegenüber der ursprünglichen Curtisstufe verbessert werden.

Der Gütegrad des Hochdruckteils.

Es erhebt sich nun die Frage, ob bei den in der Praxis gebräuchlichen Hochdruckteilen solche Unterschiede im Gütegrad vorkommen oder überhaupt möglich sind. Wie an anderer Stelle [1]* nachgewiesen ist, kann mit richtig gebauten Curtisstufen unter günstigen Verhältnissen, d. h. bei einem $\frac{c_0}{u} = 4$ bis 4,5 und hoher Überhitzung ein Gütegrad am Radumfang $\eta_u > 0{,}70$ erzielt werden, was bei größeren Leistungen einem $\eta_1 > 0{,}67$ entspricht. Arbeitet eine solche Stufe als Hochdruckstufe einer Turbine, so ändert sich ihr Druckverhältnis

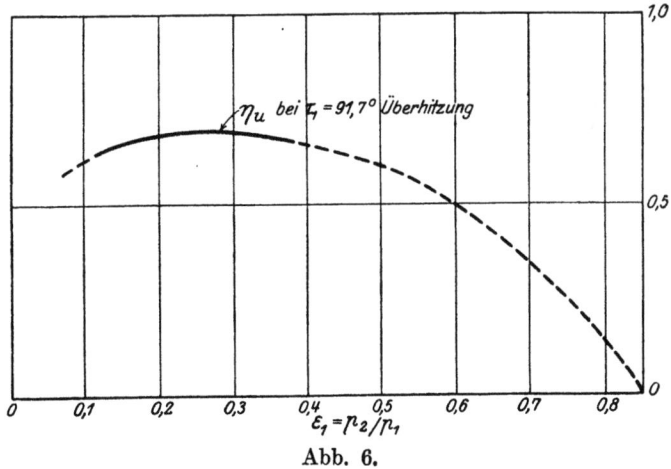

Abb. 6.

praktisch nicht, wenn die Turbine mit Drosselregelung, dagegen sehr erheblich, wenn sie mit Düsenregelung arbeitet. Um zu zeigen, wie sich der Gütegrad einer solchen Stufe mit dem Druckverhältnis ändert, sei ein Versuch mit einer 3000 kW-Gegendruckturbine der AEG angeführt. Die Turbine bestand aus einem zweikränzigen Curtisrad und wurde im Jahre 1914 im Prüffeld der AEG-Turbinenfabrik gemessen. Es waren 5 Düsen von je ~ 584 mm² engstem Querschnitt offen; der Dampfdruck vor diesen wurde unveränderlich 12,85 at abs. gehalten. Da die Dampftemperatur nur sehr wenig um ihren Mittelwert schwankte, blieb auch die Dampfmenge unveränderlich. Der Gegendruck wurde stufenweise geändert, so daß sich das Druckverhältnis, das

---
[1] Z. d. V. d. I. 1919, S. 78.

Zahlentafel 5.

	Versuch	Nr.	1	2	3	4	5	6	7	8	
①	Druck vor den Düsen p_1	at abs.	12,85	12,85	12,85	12,85	12,85	12,85	12,85	12,85	gemessen
②	Temperatur vor den Düsen t_1	°C	281,9	281,9	281,9	281,9	281,9	281,9	281,9	281,9	,,
③	Überhitzung vor den Düsen τ_1	,,	91,7	91,7	91,7	91,7	91,7	91,7	91,7	91,7	,,
④	Gegendruck p_2	at abs.	1,489	1,998	2,499	2,994	3,508	4,002	4,489	4,995	,,
⑤	Umlaufzahl n	Min.	3000	3000	3000	3000	3000	3000	3000	3000	,,
⑥	Dampfmenge G	kg/st	20744	20744	20744	20744	20744	20744	20744	20744	,,
⑦	Klemmenleistung L	kW	1445,9	1319,9	1199,4	1079,2	946,8	823,4	705,1	596,6	,,
⑧	Elektrische Verluste, Ventilation und Lagerreibung	,,	91,9	90,2	89,3	87,1	87,1	87,1	86,1	84,8	$= \text{⑧} + \text{⑨}$
⑨	Wellenleistung L_w	,,	1537,8	1410,1	1288,7	1166,3	1033,9	910,5	791,2	681,4	$= \text{⑧} + \text{⑨}$
⑩	Radreibung R	,,	43,4	57,4	70,0	82,0	95,0	104,7	114,7	127,7	gemessen
⑪	Leistung am Radumfang L_u	,,	1581,2	1467,5	1358,7	1248,3	1128,9	1015,2	905,9	809,1	$= \text{⑩} + \text{⑪}$
⑫	Adiabatisches Gefälle h_1	WE/kg	101,5	90,0	80,7	73,0	66,2	60,2	54,9	50,0	nach Entropietafel v. Wagner 1913
⑬	Theoretische Leistung L_0	kW	2448	2170	1948	1760	1598	1451	1324	1206	$= \dfrac{\text{⑦} \cdot \text{⑬}}{860}$
⑭	Gütegrad an den Klemmen η	—	0,5905	0,608	0,615	0,6125	0,593	0,567	0,533	0,495	$= \dfrac{\text{⑧}}{\text{⑭}}$
⑮	Gütegrad an der Welle η_w	—	0,628	0,650	0,661	0,6625	0,647	0,628	0,5985	0,5655	$= \dfrac{\text{⑩}}{\text{⑭}}$
⑯	Gütegrad am Radumfang η_u	—	0,646	0,676	0,697	0,709	0,706	0,699	0,685	0,671	$= \dfrac{\text{⑫}}{\text{⑭}}$
⑰	Druckverhältnis $p_2/p_1 = \varepsilon_1$	—	0,116	0,1555	0,1945	0,2335	0,273	0,3115	0,3495	0,389	$= \dfrac{\text{⑤}}{\text{②}}$

Gefälle und die Leistung ebenfalls änderten. Die elektrischen und mechanischen Verluste wurden durch besondere Versuche bestimmt, so daß es möglich war, Leistung und Gütegrad an der Welle und am Radumfang zu ermitteln. Das Ergebnis der Versuche ist in Zahlentafel 5 zusammengestellt.

In Abb. 6 ist η_u abhängig von $\varepsilon_1 = p_2/p_1$ aufgetragen. Die Kurve gilt natürlich nur für eine Stufe mit den Abmessungen der vorliegenden Turbine und für eine Überhitzung $\tau_1 = 92^0$ C. Für je $\pm 20^0$ würde sich η_u entsprechend dem früher Gesagten um $\pm 0{,}01 \cdot \eta_u$ ändern.

Besteht der Hochdruckteil dagegen aus einer Gruppe von einkränzigen Rädern, so wird die Turbine in der Regel mit Drosselregelung betrieben, so daß dessen Gütegrad wegen des fast unveränderlich bleibenden Druckverhältnisses im wesentlichen nur von der Überhitzung abhängt. Wenn man berücksichtigt, daß bei dem hohen Druck in der ersten Stufe dieser Gruppe die Undichtheit der vorderen Wellendichtung und der Labyrinthe zwischen den einzelnen Stufen sehr beträchtlich sein wird, so ist es sehr zweifelhaft, ob trotz des guten Gütegrades am Radumfang der einzelnen Stufen dieser Gruppe der Gütegrad der ganzen Gruppe an der Welle an den der Curtisstufe heranreicht oder ihn übertrifft. Versuche, diesen Gütegrad durch Messungen zu bestimmen, sind bisher nicht bekannt geworden.

Man könnte natürlich auch die erste Stufe der einkränzigen Druckstufengruppe, wenn es sich um Gleichdruckstufen (Aktionsstufen) handelt, mit Düsenregelung versehen oder die Curtisstufe durch ein einziges einkränziges Gleichdruckrad mit Düsenregelung ersetzen. Über diese beiden Bauarten liegen bisher keine Veröffentlichungen vor, so daß sie zum Vergleich nicht herangezogen werden sollen.

Die nachfolgenden Rechnungen sollen sich demnach beschränken auf den Vergleich zwischen folgenden Bauarten:

Hochdruckteil als Curtisstufe mit Drosselregelung,
Hochdruckteil als Curtisstufe mit Düsenregelung und
Hochdruckteil als Druckstufengruppe mit einkränzigen (Gleichdruck- oder Überdruck-) Rädern mit Drosselregelung,

wobei in allen Fällen derselbe Niederdruckteil von beliebiger Bauart angenommen werden soll.

VI. Dampfverbrauch von Turbinen mit gleichem Niederdruckteil und verschiedenen Hochdruckteilen.

Es seien drei Turbinen X, Y und Z von etwa 10 000 PS angenommen, die mit Frischdampf von $p_0 = 13$ at abs., $t_0 + 300^0$ C und einem Gegendruck $p_a = 0{,}05$ bei voller, 0,04 bei $^3/_4$ und 0,035 at abs. bei $^1/_2$ und $^1/_4$ Last betrieben werden. Bei umgedrosseltem Frischdampf sollen 44 000 kg/st Dampf durch eine Turbine hindurchfließen, wobei sich vor dem Niederdruckteil ein Druck $p_2 = 4{,}0$ at abs. einstellen soll. Der Gütegrad des bei allen drei Turbinen gleichen Niederdruckteiles sei in Abb. 7 abhängig von $\varepsilon_2 = p_a/p_2$ wiedergegeben. Zur Vereinfachung der Rechnung sei angenommen, daß p_2 und bei Drosselregelung auch p_1 der Dampfmenge proportional seien; Undichtheiten seien vernachlässigt.

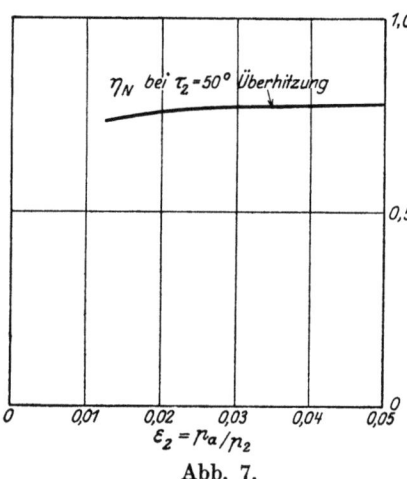

Abb. 7.

Als Hochdruckteil sei für Turbine X die in Abschnitt 5 beschriebene Curtisstufe mit Drosselregelung verwendet, deren Gütegrad am Radumfang in Abb. 6 wiedergegeben ist. Das Ergebnis der Zahlenrechnung ist in Zahlentafel 6 zusammengestellt; in Abb. 8 ist der Dampfverbrauch D_w bezogen auf die Wellenleistung N_w abhängig von N_w als Kurve X aufgetragen.

Turbine Y habe denselben Hochdruckteil wie X, werde aber mit Düsenregelung betrieben. Infolgedessen bleibt p_1 unveränderlich $= p_0$, während sich ε_1 und damit auch η_u nach Abb. 6 ändern. Die Zahlenrechnung gestaltet sich nach Zahlentafel 7. In Abb. 8 ist D_w als Kurve Y eingetragen. Man erkennt, daß die Dampfverbrauchskurve infolge der Düsenregelung bei sinkender Belastung wesentlich niedriger verläuft als bei der Drosselregelung. Ersetzte man die Curtisstufe durch ein einziges einkränziges Gleichdruckrad, das dieselbe η_u-Kurve hat wie Abb. 6, so ergäben sich dieselben Kurven wie für Turbine X und Y. Eine solche Stufe

Zahlentafel 6.

Hochdruckteil = Curtis-Stufe mit Drosselregelung (Turbine X.)

①	Druck vor der Turbine	p_0	at abs.	13	13	13	13	
②	Temperatur vor der Turbine	t_0	°C	300	300	300	300	
③	Gedrosselter Druck vor den Düsen	p_1	at abs.	13	9,75	6,5	3,25	
④	Temperatur vor den Düsen	t_1	°C	300	297	294	292	
⑤	Überhitzung vor den Düsen	τ_1	,,	110	119	133	156	
⑥	Druck vor dem Niederdruckteil	p_2	at abs.	4	3	2	1	
⑦	Wärmeinhalt vor den Düsen	i_1	WE/kg	728,9	728,9	728,9	728,9	
⑧	Wärmeinhalt nach adiabatischer Expansion hinter dem Hochdruckteil	i''	,,	665,9	665,8	665,7	665,6	
⑨	Adiabatisches Gefälle des Hochdruckteils	h_1	,,	63,0	63,1	63,2	63,3	= ⑦ − ⑧
⑩	$p_2/p_1 = \varepsilon_1$		—	0,308	0,308	0,308	0,308	= ⑥ : ⑧
⑪	Gütegrad am Radumfang bei $\tau_1 = 92\,°C$	η_u'	—	0,698	0,698	0,698	0,698	nach Abb. 6
⑫	,, bei $\tau_1 = $ ⑤	η_u	—	0.7045	0,7075	0,7125	0,7205	±20°C = ±0,01·η_u'
⑬		h_u	WE/kg	44,3	44,6	45,1	45,6	= ⑨ · ⑫
⑭	Dampfmenge	G	kg/st	44000	33000	22000	11000	
⑮	Leistung am Radumfang	N_u	PS	3085	2330	1570	794	= (⑭ · ⑬)/632
⑯	Radreibung	R_1	,,	135	101	67,5	34	
⑰	Nutzleistung des Hochdruckteils	N_1	,,	2950	2229	1502,5	760	= ⑮ − ⑯
⑱	Gütegrad des Hochdruckteils	η_1	—	0,6735	0,6765	0,6820	0,690	= (⑫ · ⑰)/⑮
⑲	Nutzgefälle des ,,	h_H	WE/kg	42,4	42,7	43,1	43,6	= ⑨ · ⑱
⑳	Wärmeinhalt vor dem Niederdruckteil	i_2	,,	686,5	686,2	685,8	685,3	= ⑦ − ⑲
㉑	Temperatur ,,	t_2	°C	204,5	203,5	200,5	198,5	
㉒	Überhitzung ,,	τ_2	,,	61,5	70,0	81,0	99,5	
㉓	Druck im Abdampfstutzen	p_a	at abs.	0,05	0,04	0,035	0,035	
㉔	Wärmeinhalt nach adiabatischer Expansion im Abdampfstutzen	i_a	WE/kg	525,7	527,9	537,8	559,2	
㉕	Adiabatisches Gefälle des Niederdruckteils	h_2	,,	160,8	158,3	148,0	126,1	= ⑳ − ㉔
㉖	$p_a/p_2 = \varepsilon_2$		—	0,0125	0,0133	0,0175	0,035	= ㉓ : ⑥
㉗	Bei 50°C Überhitzung	η_N'	—	0,735	0,750	0,768	0,775	nach Abb. 7
㉘	Bei $\tau_2 = $ ㉒	η_2	—	0,739	0,7575	0,780	0,794	±20°C = ±0,01·η_N'
㉙	Nutzgefälle des Niederdruckteils	h_N	WE/kg	119,0	119,9	115,5	100,1	= ㉕ · ㉘
㉚	Nutzgefälle der Turbine $h_H + h_N = H_W$		,,	161,4	162,6	158,6	143,7	= ⑲ + ㉙
㉛	Dampfverbrauch, bezogen auf die Wellenleistung	D_W	kg/PS-st	3,920	3,890	3,990	4,400	= 632 : ㉚
㉜	Wellenleistung der Turbine	N_W	PS	11220	8485	5515	2500	= ⑭ : ㉛

Auftragung: Abb. 8.

Zahlentafel 7.

Hochdruckteil = Curtis-Stufe mit Düsenregelung (Turbine Y).

①	Druck vor den Düsen p_1	at abs.	13	13	13	13	
②	Temperatur vor den Düsen t_1	°C	300	300	300	300	
③	Überhitzung vor den Düsen τ_1	„	110	110	110	110	
④	Druck vor dem Niederdruckteil p_2	at abs.	4	3	2	1	
⑤	Wärmeinhalt vor den Düsen i_1	WE/kg	728,9	728,9	728,9	728,9	
⑥	Wärmeinhalt nach adiabatischer Expansion hinter dem Hochdruckteil i''	„	665,9	652,9	635,7	608,4	
⑦	Adiabatisch. Gefälle des Hochdruckteils h_1	„	63,0	76,0	93,2	120,5	= ⑤ − ⑥
⑧	$p_2/p_1 = \varepsilon_1$	—	0,308	0,231	0,154	0,077	= ④ : ①
⑨	Gütegrad am Radumfang bei $\tau_1 = 92° \, \eta'_u$	—	0,698	0,707	0,675	0,602	nach Abb. 6
⑩	„ bei $\tau_1 = $ ③ η'_u	—	0,7045	0,7135	0,681	0,6075	$\pm 20°C = \pm 0,01 \cdot \eta'_u$
⑪	h_u	WE/kg	44,3	54,2	63,5	73,2	= ⑦ · ⑩
⑫	Dampfmenge G	kg/st	44000	33000	22000	11000	
⑬	Leistung am Radumfang N_u	PS	3085	2830	2210	1274	$= \dfrac{⑪ \cdot ⑫}{632}$
⑭	Radreibung R_1	„	135	101	67,5	34	
⑮	Nutzleistung des Hochdruckteils N_H	„	2950	2729	2142,5	1240	= ⑬ − ⑭
⑯	Ursprüngl. Leistung des Hochdruckteils N'_1	„	2950	2229	1502,5	760	= ⑰ von Zahlentafel 6
⑰	$\dfrac{N_H - N'_1}{N'_1} = \Delta \lambda_1$	—	0	0,224	0,426	0,632	$= \dfrac{⑮ - ⑯}{⑯}$
⑱	Ursprüngl. Leistungsanteil des Hochdruckteils $\lambda_1 = \dfrac{h_H}{H_w}$		0,2625	0,263	0,2715	0,3025	$= \dfrac{⑲}{㉚}$ von Zahlentafel 6
⑲	$-\dfrac{\Delta D}{(1 + \Delta D) \Delta \lambda_1} = \delta$	—	0,169	0,169	0,1774	0,205	$= \lambda_1^{4/3}$ n. Abb. 3
⑳	ΔD	—	0	−0,0364	−0,0702	−0,1146	$= -\dfrac{⑰ \cdot ⑲}{⑰ \cdot ⑲ + 1}$
㉑	Ursprünglicher Dampfverbrauch D'_w	kg/PS-st	3,920	3,890	3,990	4,40	= ㉛ von Zahlentafel 6
㉒	$\Delta D \cdot D'_w$	„	0	−0,142	−0,280	−0,504	= ⑳ · ㉑
㉓	D_w	„	3,920	3,748	3,710	3,896	= ㉑ + ㉒
㉔	N_w	PS	11220	8810	5935	2825	$= \dfrac{⑫}{㉓}$

Auftragung: Abb. 8.

müßte eine Umfangsgeschwindigkeit von etwa 250 m/sk besitzen. Ist die η_u-Kurve dieser Stufe besser als Abb. 6, so liegen die Dampfverbrauchskurven niedriger als die Kurve von X und Y und umgekehrt. Da über derartige Hochdruckstufen bisher nichts veröffentlicht ist, soll eine Vergleichsrechnung unterbleiben.

Ersetzt man die Curtisstufe durch eine vollbeaufschlagte Druckstufengruppe mit Drosselregelung (Turbine Z), so berechnet sich der Dampfverbrauch dieser Turbine nach Zahlentafel 8. Da über den Gütegrad derartiger Stufengruppen im Hochdruckgebiet keine zuverlässigen Meßergebnisse bekannt sind, sollen drei verschiedene

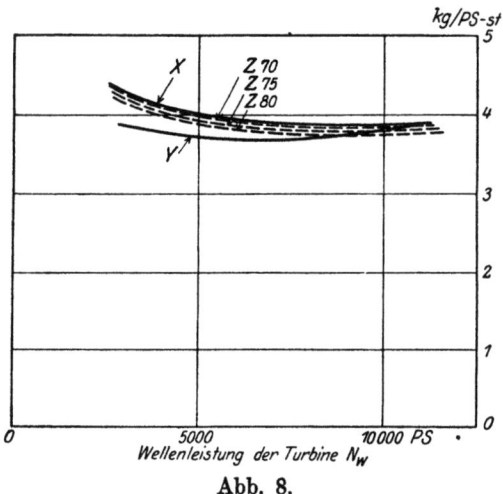

Abb. 8.

Fälle durchgerechnet werden, und zwar soll bei $\tau_1 = 110°$ Überhitzung im Fall a $\eta_1 = 0,70$, im Fall b $\eta_1 = 0,75$ und im Fall c $\eta_1 = 0,80$ angenommen werden. In Abb. 8 ist D_w als Kurven Z_{70}, Z_{75} und Z_{80} aufgetragen. Zur Beurteilung der Frage, wie hoch der Gütegrad η_1 einer Druckstufengruppe ohne Geschwindigkeitsstufen im Hochdruckgebiet einer Dampfturbine werden kann, muß man zunächst den Gütegrad einer Einzelstufe in Rücksicht ziehen. Dieser kann allerdings bei Wahl günstiger Winkel und geeigneter Düsen- und Schaufelform den Wert 0,80 erreichen; es ist aber dabei zu berücksichtigen, daß die Undichtigkeit der Zwischenstopfbüchsen gerade im Hochdruckteil wegen des kleinen spezifischen Dampfvolumens verhältnismäßig groß ist. Dieser Umstand beeinträchtigt den beim Vergleich mit der Curtisstufe

28 Dampfverbrauch von Turbinen mit gleichem Niederdruckteil.

einzusetzenden Gütegrad der Druckstufengruppe. Nach meiner Schätzung wird infolge dieser vergrößerten Undichtigkeit der Gütegrad der Hochdruckstufengruppe kaum größer als 0,70 sein.

Zahlentafel 8.
Hochdruckteil = einkränzige Druckstufengruppe mit Drosselregelung (Turbine Z).

(1)	Druck vor der Turbine p_0	at abs.	13	13	13	13
(2)	Temperatur vor der Turbine t_0	°C	300	300	300	300
(3)	Gedrosselter Druck vor den Düsen p_1	at abs.	13	9,75	6,5	3,25
(4)	Temperatur " t_1	°C	300	297	294	292
(5)	Überhitzung " τ_1		110	119	133	156
(6)	Druck vor dem Niederdruckteil p_2	at abs.	4	3	2	1
(7)	Dampfmenge G	kg/st	44000	33000	22000	11000
(8)	Wärmeinhalt vor den Düsen i_1	WE/kg	728,9	728,9	728,9	728,9
(9)	Wärmeinhalt nach adiabatischer Expansion hinter d. Hochdruckteil i''	"	665,9	665,8	665,7	665,6	= (8) − (9)
(10)	Adiabatisches Gefälle des Hochdruckteils h_1	"	63,0	63,1	63,2	63,3	= (18)
(11)	Ursprünglicher Gütegrad des Hochdruckteils η_1	—	0,6785	0,6765	0,6820	0,690	} von Zahlentafel 6 (19) (30)
(12)	Ursprünglicher Leistungsanteil des Hochdruckteils $\lambda_1 = \frac{h_H}{H_w}$	—	0,2625	0,263	0,2715	0,3035	= λ_1·$^1/_3$ nach Abb. 3
(13)	$\frac{\Delta D}{(1+\Delta D)/\Delta \lambda_1} = \delta$	—	0,169	0,169	0,1774	0,205	(31) von Zahlentafel 6
(14)	Ursprünglicher Dampfverbrauch D'_w	$\frac{kg}{PS\text{-}st}$	3,920	3,890	3,990	4,400	angenommen
(15)	Fall a η_1	—	0,700	0,703	0,708	0,716	= $\frac{(15)-(11)}{(11)}$
(16)	$\Delta \lambda_1$	—	+0,0394	+0,0392	+0,0381	+0,0377

Abb. 8 zeigt nun, daß bei Teillasten die Turbine mit Düsenregelung unter allen Umständen der mit Drosselregelung überlegen ist, wie gut auch der Gütegrad des Hochdruckteiles der letzteren sein mag. Erst wenn man sich der vollen Leistung bei ungedrosseltem Dampf nähert, kann die Turbine mit Drosselregelung besser werden als die mit Düsenregelung und Curtis-Hochdruckstufe, aber auch nur dann, wenn der Gütegrad der ersteren unter Berücksichtigung der Undichtigkeit größer als 0,70 ist. Ob letzteres

Dampfverbrauch von Turbinen mit gleichem Niederdruckteil. 29

möglich ist, müßten erst besondere Versuche zeigen, die bisher noch nicht veröffentlicht sind.

Abb. 8 zeigt auch, daß die Dampfverbrauchskurven bei verschieden angenommenem Gütegrad des Hochdruckteiles und

$(13)\cdot(16)$	$(13)\cdot(16)+1$	$(14)\cdot(17)$	$(14)+(18)$	$(7):(19)$	angenommen	$(21)-(11)$	(11)	$(13)\cdot(22)$	$(13)\cdot(22)+1$	$(14)\cdot(23)$	$(14)+(24)$	$(7):(25)$	angenommen	$(27)-(11)$	(11)	$(13)\cdot(28)$	$(13)\cdot(28)+1$	$(14)\cdot(29)$	$(14)+(30)$	$(7):(31)$
—0,00768	—0,034	4,366	2520	0,767	+0,1115	—0,02285	—0,098	4,302	2560	0,818	+0,186	—0,03675	—0,162	4,238	2595
—0,00673	—0,027	3,963	5550	0,759	+0,1128	—0,0196	—0,078	3,912	5625	0,809	+0,186	—0,03195	—0,127	3,863	5700
—0,00659	—0,026	3,864	8545	0,753	+0,113	—0,01875	—0,073	3,817	8645	0,804	+0,189	—0,03095	—0,120	3,770	8755
—0,00662	—0,026	3,894	11305	0,750	+0,1136	—0,01885	—0,074	3,846	11435	0,800	+0,188	—0,0308	—0,121	3,799	11580
—	kg/PS-st	„	PS	—	—	kg/PS-st	„	PS	—	—	kg/PS-st	—	PS
ΔD	$\Delta D \cdot D'_w$	D_w	N_w	η_1	$\Delta \lambda_1$	ΔD	$\Delta D \cdot D'_w$	ΔD	N_w	η_1	$\Delta \lambda_1$	ΔD	$\Delta D \cdot D'_w$	D_w	N_w
		Fall b						Fall c							
(17)	(18)	(19)(20)	(21)	(22)	(23)	(24)(25)(26)	(27)	(28)	(29)	(30)(31)(32)

Auftragung: Abb. 8.

Drosselregelung sich nur durch ihre absolute Größe unterscheiden, dagegen denselben relativen Verlauf haben. Noch besser sieht man dies in Abb. 9, wo die Zunahme des Dampfverbrauches gegenüber dem bei voller Leistung aufgetragen ist. Hier fallen die Kurven bei Drosselregelung unabhängig vom Gütegrad des Hochdruckteiles in eine einzige zusammen; der relative Verlauf der Dampfverbrauchskurve ist also unabhängig vom Gütegrad des Hochdruckteiles.

30 Dampfverbrauch von Turbinen mit gleichem Niederdruckteil.

Abb. 9 zeigt auch besonders deutlich, daß bei Düsenregelung die Dampfverbrauchskurve bei Teillasten wesentlich niedriger als bei Drosselregelung ist.

Die für Düsenregelung berechnete Kurve bezieht sich auf „ideale Düsenregelung", d. h. auf den Fall, daß bei irgendeiner Belastung stets voller Druck vor den Düsen herrscht. Dies wäre aber nur dann möglich, wenn eine unendlich große Anzahl unendlich kleiner Düsen vorhanden wäre. In Wirklichkeit verwendet man nur eine kleine Anzahl von Düsen, so daß bei irgendeiner Belastung eine Anzahl von Düsen ganz offen ist, während eine Düse oder Düsengruppe mit gedrosseltem Dampf beschickt wird. Der

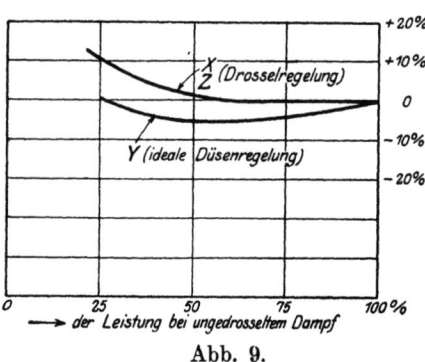

Abb. 9.

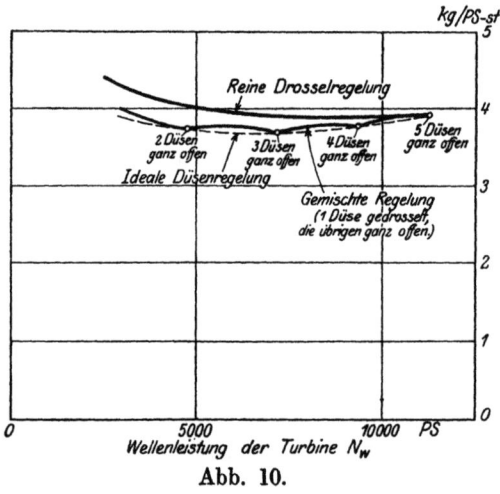

Abb. 10.

Dampfverbrauch wird in diesem Falle zwischen dem bei Drossel- und idealer Düsenregelung liegen. Die Berechnung kann auf dieselbe Art geschehen wie in Zahlentafel 7. Das Ergebnis einer solchen Rechnung für Turbine Y ist in Abb. 10 aufgetragen. Bei dieser „gemischten Regelung" verläuft die Dampfverbrauchskurve

Dampfverbrauch von Turbinen mit gleichem Niederdruckteil. 31

nicht stetig, sondern wellenartig. Bei Dampfverbrauchsversuchen an derartigen Turbinen und ihrer Auswertung darf dies nicht außer acht gelassen werden. Schon das Interpolieren des Dampfverbrauches, wenn beispielsweise drei Punkte der Kurve gemessen sind, kann zu Fehlern führen; durchaus unzulässig wird aber meistens das Extrapolieren sein. Hiervon kann man sich leicht überzeugen, wenn man beispielsweise von der in Abb. 10 dargestellten Wellenlinie den Dampfverbrauch bei 5000, 7500 und 10 000 PS mißt, durch diese drei Punkte eine stetige Kurve legt und durch Extrapolation den Dampfverbrauch bei 11 200 PS ermitteln will. Durch ein solches Verfahren würde man den Dampfverbrauch bei 11 200 PS zu 4,05 kg PS·st ermitteln, während er in Wirklichkeit 3,90 kg/PS·st, also fast 4% weniger, beträgt.

Der Verlauf der Kurven in Abb. 8, 9 und 10 ist natürlich nicht als allgemeingültig anzusehen. Insbesondere hat durchaus nicht jede Turbine, die mit Drosselregelung arbeitet, eine so flache Dampfverbrauchskurve, wie es in den Kurven X und Z von Abb. 9 dargestellt ist. Die Art des Verlaufes hängt in hohem Maße von den Abmessungen besonders des Niederdruckteiles und oder von diesen beeinflußten η_N-Kurve in Abb. 7 ab. Jedoch das gegenseitige Verhältnis der Kurven X und Z für Drosselregelung einerseits und Y für Düsenregelung andererseits ist vom Verlauf der η_N-Kurve unabhängig, da für beide Regelungsarten derselbe Niederdruckteil verwendet gedacht ist. Sind also beispielsweise bei einer ausgeführten Turbine die Abmessungen des Niederdruckteiles derart gewählt, daß die Dampfverbrauchskurve bei Drosselregelung einen steileren Verlauf hat, als die Kurven X und Z in Abb. 9, so wird bei Verwendung desselben Niederdruckteiles auch die Kurve für Düsenregelung steiler werden als Kurve Y in Abb. 9, aber das gegenseitige Verhältnis der beiden Kurven wird dasselbe bleiben wie in Abb. 9.

Es sei noch erwähnt, daß die Auftragung des gesamten Dampfverbrauches in kg/st abhängig von der Leistung sowohl bei Drossel- als auch bei idealer Düsenregelung nicht gerade Linien, sondern schwachgekrümmte Kurven ergibt. Der Verlauf der Krümmung hängt von den Abmessungen der Turbine, insbesondere der letzten Stufe ab.

Aus dem Gesagten geht hervor, daß der Dampfverbrauch einer Turbine um so niedriger ist, je besser der Gütegrad des Hochdruckteiles ist; der Einfluß dieses Gütegrades auf den Dampfverbrauch ist aber um so geringer, je kleiner der Leistungsanteil des Hochdruckteiles ist. Es ist die Aufgabe des Konstrukteurs, mit der Wahl von Leistungsanteil und Gütegrad des Hochdruckteiles soweit zu gehen, daß eine weitere Verbesserung des Gütegrades keine nennenswerte Verringerung des Dampfverbrauches mehr zur Folge hat.

VII. Antrieb der Kondensationshilfsmaschinen durch Dampfturbinen.

Die rückgewinnbare Verlustwärme spielt eine wesentliche Rolle, wenn die Kondensationshilfsmaschinen durch eine Dampfturbine bestrieben werden, deren Abdampf vor den Niederdruckteil der Hauptturbine geleitet wird. Bei irgendeiner Belastung L sei der spezifische Dampfverbrauch ausschließlich Kondensation $= D$ und die durch die Turbine strömende Dampfmenge $G = LD$. Einschließlich Kondensation seien die entsprechenden Werte $D(1 + \Delta D)$ und $G \cdot (1 + \Delta D)$. Da Gleichung (3b) sich auf gleiche Druckverteilung, also auf unveränderliches G bezieht, muß zur Bestimmung von $\Delta \lambda_1$ untersucht werden, wie groß die Leistung des Hochdruckteiles ist, einmal wenn die ganze Dampfmenge $G(1 + \Delta D)$ im Hochdruckteil der Hauptturbine arbeitet und zum Vergleich, wenn von $G(1 + \Delta D)$ der Teil G_k in der Hilfsturbine und der Rest $G(1 + \Delta D) - G_k$ im Hochdruckteil der Hauptturbine arbeitet. Die Leistung der Hilfsturbine, die mit $k \times L$ bezeichnet werde, ist für die Bestimmung von $\Delta \eta_1$ als Nutzleistung anzusehen. Arbeitet $G(1 + \Delta D)$ ganz im Hochdruckteil der Hauptturbine, so beträgt dessen Leistung $G(1 + \Delta D) \cdot h_1 \cdot \eta_1$; im anderen Fall leistet der Hochdruckteil $[G(1 + \Delta D) - G_k] \cdot h_1 \cdot \eta_1$ und die Hilfsturbine $G_k h_1 \cdot \eta_k$, wenn η_k der Gütegrad der letzteren ist. Dann ist zu setzen:

$$\Delta \lambda_1 = \frac{[G(1+\Delta D) - G_k] \cdot h_1 \cdot \eta_1 + G_k \cdot h_1 \cdot \eta_1 - G(1+\Delta D) \cdot h_1 \cdot \eta_1}{G(1+\Delta D) h_1 \cdot \eta_1}$$

$$\text{oder } -\Delta \lambda_1 = \frac{G_k (\eta_1 - \eta_k)}{G(1+\Delta D)\eta_1}$$

$$G_k = \frac{k \cdot L}{h_1 \cdot \eta_k}$$

Würde bei derselben Druckverteilung die Turbine ausschließlich Kondensation mit G betrieben, so wäre die Leistung des Hochdruckteiles $\qquad L_1 = G \cdot h_1 \cdot \eta_1$.

Es wird demnach

Antrieb der Kondensationshilfsmaschinen durch Dampfturbinen.

$$-\Delta \lambda_1 = \frac{k}{\lambda_1 (1 + \Delta D)} \cdot \frac{\eta_1 - \eta_k}{\eta_k}$$

Wäre keine Veränderung von η_1 eingetreten, d. h. $\eta_k = \eta_1$, so betrüge der Dampfverbrauch einschließlich Kondensation
$$D_i' = D (1 + b).$$

Infolge von $\Delta \lambda_1$ verändert sich aber D_i' und zwar nach Gleichung (3b) um

$$\Delta D' = - \Delta \lambda_1 \cdot \lambda_1^{1/3} = \frac{k}{1 + \Delta D} \cdot \frac{\eta_1 - \eta_k}{\eta_k} \sqrt[3]{\lambda_1} (1 + \Delta D')$$

Der wirkliche Dampfverbrauch einschließlich Kondensation wird demnach: $D_i = D_i' \cdot (1 + \Delta D')$
und der Mehrverbrauch infolge des Antriebes der Kondensation

$$\Delta D = \frac{D_i}{D} - 1 = (1 + k)(1 + \Delta D') - 1$$

$$\Delta D = k + \Delta D' \cdot (1 + k).$$

Setzt man den Wert von $\Delta D'$ ein, so findet man

$$\Delta D = k \left(1 + \frac{\eta_1 - \eta_K}{\eta_k} \cdot \sqrt[3]{\lambda_1}\right) \quad (4)$$

Eine einstufige dreikränzige Curtisturbine wird bei unmittelbarem Antrieb der Pumpen ein $\eta_k = 0{,}55$, bei Antrieb mittels Vorgeleges ein $\eta_k = 0{,}60$ haben; nimmt man noch
$k = 0{,}025$, $\eta_1 = 0{,}67$, $\lambda_1 = 0{,}25$ an,
so findet man bei

$\eta_k =$	0,50	0,55	0,60	0,67 ($= \eta_1$)
$\Delta D =$	0,0304	0,0284	0,0268	0,025 ($= k$)

Ist also der Gütegrad der Hilfsturbine $\eta_k = 0{,}67$, d. h. gleich dem Gütegrad η_1 des Hochdruckteiles der Hauptturbine, so ist der Mehrverbrauch an Dampf infolge des Antriebes der Kondensation gleich $2{,}5\%$, d. h. $= k$. Ist dagegen $\eta_k = 0{,}50$, also um 34% schlechter als η_1, so ist der Mehrverbrauch an Dampf infolge des Antriebes der Kondensation $= 3{,}04\%$. Eine Hilfsturbine mit einem Gütegrad $\eta_k = 0{,}50$ braucht nur ein kleines dreikränziges Curtisrad zu besitzen. Schon wenn man ein $\eta_k = 0{,}60$ haben will, muß man eine Turbine mit erhöhter Umlaufszahl und Zahnradvorgelege, also eine wesentlich teurere Maschine, verwenden. Trotz der Verbesserung um 20% beträgt der Mehrdampfverbrauch infolge des Antriebes der Kondensation immer noch $2{,}84\%$. Der Gewinn ist also nur $0{,}2\%$. Selbst wenn es gelingen würde, eine Hilfsturbine mit $\eta_k = 0{,}67$ zu bauen, was die Kosten sehr bedeutend steigern würde, wäre der Gewinn an Dampfverbrauch gegenüber der einfachen Bauart mit $\eta_k = 0{,}50$ immer erst $\sim 0{,}5\,\%$. Es wird sich demnach kaum lohnen, zur Erzielung eines so geringen Gewinnes die bedeutenden Mehrkosten aufzuwenden, die eine nenenswerte Verbesserung von η_k verursacht.

Es ist von Interesse, die eben behandelte Antriebsart mit anderen Antriebsweisen zu vergleichen.

Leitet man beispielsweise den Abdampf der Hilfsturbine unmittelbar in den Kondensator, so verbraucht die Hauptturbine eine Dampfmenge $L \cdot D$ und die Hilfsturbine $k \cdot L \cdot D_k$. Der Mehrverbrauch beträgt also:

$$\varDelta D = \frac{k \cdot L \cdot D_k}{L \cdot D} = k \cdot \frac{D_k}{D}.$$

Beide Turbinen arbeiten mit demselben Gefälle; es ist also

$$\frac{D_k}{D} = \frac{\eta}{\eta_k}.$$

Demnach wird: $\qquad \varDelta D = k \dfrac{\eta}{\eta_k}. \qquad (5)$

Um für η_k einen guten Wert zu erhalten, muß man wegen des großen Wärmegefälles und der verhältnismäßig geringen Umlaufzahl der Pumpen diese von der Hilfsturbine durch ein Vorgelege antreiben lassen. Bei Verwendung einer einstufigen dreikränzigen Curtisturbine kann man ein $\eta_k = 0{,}50$, bei Verwendung einer zweistufigen Curtisturbine mit zweikränzigen Rädern ein $\eta_k = 0{,}60$ erreichen. Ein höherer Wert von η_k wird bei den in Frage kommenden kleinen Leistungen auch mit einer mehrstufigen Turbine kaum erreichbar sein. Man erhält dann bei $\eta = 0{,}75$ und

$$\eta_k = \begin{vmatrix} 0{,}50 \end{vmatrix} \quad \begin{vmatrix} 0{,}60 \end{vmatrix}$$
$$\text{den Wert } \varDelta D = \begin{vmatrix} 0{,}0375 \end{vmatrix} \quad \begin{vmatrix} 0{,}031 \end{vmatrix}$$

Treibt man die Pumpen durch einen Elektromotor an und bezeichnet man den Wirkungsgrad der mit der Hauptturbine gekuppelten Dynamo mit η_D und des Antriebsmotors einschließlich der Leitungen mit η_M, so muß die Dynamo die elektrische Belastung

$$L \cdot \eta_D + \frac{k \cdot L}{\eta_M}$$

erzeugen, wenn $L \cdot \eta_D$ die elektrische Nutzleistung ist. Der Dampfverbrauch einschließlich Kondensation ist dann

$$D_i = \frac{G_i}{L}$$

und ausschließlich Kondensation

$$D = \frac{G_i}{L + k\dfrac{L}{\eta_D \cdot \eta_M}}.$$

Hierbei ist die fast völlig zutreffende Annahme gemacht, daß der spezifische Dampfverbrauch bezogen auf die effektive Leistung der Turbine innerhalb des geringen Unterschiedes derselbe ist. Dann wird der Mehrverbrauch für Kondensation

$$\Delta D = \frac{D_i}{D} - 1 = \frac{L + k \dfrac{L}{\eta_D \cdot \eta_M}}{L} - 1 = \frac{k}{\eta_D \cdot \eta_M} \quad (6)$$

Setzt man $\eta_D = 0{,}94$, $\eta_M = 0{,}90$ und $k = 0{,}025$,
dann wird $\Delta D = 0{,}0296$.

Aus dieser Gegenüberstellung geht hervor, daß es wärmewirtschaftlich am günstigsten ist, die Hilfsmaschinen durch eine Dampfturbine anzutreiben, deren Abdampf vor den Niederdruckteil der Hauptturbine geleitet wird; als zweitbeste Anordnung folgt der Antrieb mit Elektromotor und an letzter Stelle der Antrieb durch eine Dampfturbine, deren Abdampf in den Kondensator geleitet wird.

Die Unterschiede sind allerdings nicht sehr groß, so daß für die Wahl des Antriebes in der Hauptsache andere Rücksichten, beispielsweise Betriebssicherheit, Betriebsbereitschaft usw. maßgebend sein werden.

VIII. Zusammenfassung.

1. Der Einfluß der rückgewinnbaren Verlustwärme des Hochdruckteiles auf den Dampfverbrauch wird für ideale Gase durch eine genaue, für Wasserdampf durch eine Näherungsformel dargestellt, deren Zuverlässigkeit durch Versuche bestätigt wird.

2. Der Gütegrad der Hochdruckstufe einer Dampfturbine spielt nicht die maßgebende Rolle, die ihm manchmal mit Unrecht zugeschrieben wird. Je kleiner der Leistungsanteil der Hochdruckstufe ist, um so weniger beeinflußt ihr Gütegrad den Dampfverbrauch. Zur Erzielung einer auch nur geringen Verbesserung des Dampfverbrauches ist eine erhebliche Verbesserung des Gütegrades der Hochdruckstufe und demzufolge ein beträchtlicher Aufwand an Herstellungskosten erforderlich. Deshalb lohnt es sich bei Turbinen größerer Leistung, bei denen der Leistungs-

Zusammenfassung.

anteil des Hochdruckteils in der Regel verhältnismäßig gering ist, nicht, diesen so auszubilden, daß er den größtmöglichen Gütegrad hat; eine einfache und billige Bauart mit geringerem Gütegrad wird einer teuren Bauart mit besserem Gütegrad in den meisten Fällen vorzuziehen sein.

3. Bei Drosselregelung hat die Kurve des spezifischen Dampfverbrauches einen wesentlich steileren Verlauf als bei Düsenregelung; die prozentuale Zunahme des Dampfverbrauches bei Teillasten gegenüber dem bei Vollast ist unabhängig vom Gütegrad des Hochdruckteils.

4. Turbinen mit Curtis-Hochdruckstufe und Düsenregelung haben bei Teillasten bis nahezu Vollast stets einen geringeren Dampfverbrauch als reine Druckstufenturbinen mit Drosselregelung, selbst wenn der Gütegrad des Hochdruckteiles bei letzteren erheblich besser als bei ersteren wäre. Erst in der Nähe der vollen Belastung bei ungedrosseltem Dampf könnte die reine Druckstufenturbine mit Drosselregelung bei sehr hohem Gütegrad ihres Hochdruckteiles der gemischten Turbine mit Düsenregelung etwas überlegen sein.

5. Die Auftragung des gesamten Dampfverbrauches abhängig von der Belastung ergibt bei Drossel- und idealer Düsenregelung keine geraden Linien, sondern nach oben gekrümmte Kurven, bei gemischter Regelung wellenartige Kurven.

6. Werden die Kondensationshilfsmaschinen durch eine Dampfturbine angetrieben, deren Abdampf vor den Niederdruckteil der Hauptturbine geleitet wird, so ist der Einfluß des Gütegrades der Hilfsturbine auf den Gesamtdampfverbrauch sehr gering, und zwar um so geringer, je kleiner der Leistungsanteil des Hochdruckteiles ist.

7. In wärmewirtschaftlicher Beziehung ist es am günstigsten, die Kondensationshilfsmaschinen durch eine Dampfturbine anzutreiben und deren Abdampf in eine Zwischenstufe der Hauptturbine zu leiten, an zweiter Stelle steht der Antrieb durch einen Elektromotor; am ungünstigsten ist der Antrieb durch eine Dampfturbine, deren Abdampf in den Kondensator geleitet wird. Die Unterschiede sind jedoch so klein, daß für die Wahl des Antriebes nicht die Rücksicht auf den Wärmeverbrauch, sondern andere Umstände, wie Betriebssicherheit, Betriebsbereitschaft usw. maßgebend sein werden.

MIX
Papier aus verantwortungsvollen Quellen
Paper from responsible sources
FSC® C105338

If you have any concerns about our products,
you can contact us on
ProductSafety@springernature.com

In case Publisher is established outside the EU,
the EU authorized representative is:
**Springer Nature Customer Service Center GmbH
Europaplatz 3, 69115 Heidelberg, Germany**

Printed by Libri Plureos GmbH
in Hamburg, Germany